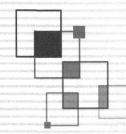

高等职业院校电气类"十二五"规划教材

高压电气设备测试

主　编　王旭波

副主编　张　然　张康理

西安交通大学出版社

XI'AN JIAOTONG UNIVERSITY PRESS

内容简介

本书为普通高等职业院校电气工程类、电气化铁道技术类、轨道交通供电系统等专业培养电气试验员岗位的教材。由于针对高等职业教育学生,重在培养高素质高技能型人才,所以本书简化复杂深邃的理论讲授,而是以理论知识够用为主,重点加强技能训练。本书在结构上以项目化教学为主,以高压电气设备的试验项目为主线,共分为十一个项目模块,每一个项目下,分为知识储备部分和技能训练实际操作部分,并配备有相应的实践性思考题,开发学生的思维和实践能力。本书内容包括电介质的绝缘理论知识和气体、液体、固体电介质的绝缘测试、电力变压器测试、高压断路器测试、高压隔离开关测试、电压互感器测试、电流互感器测试、避雷针及金属氧化物避雷器的绝缘测试、套管和绝缘子测试、电力电容器测试、电力电缆测试和绝缘工器具的耐压测试。按照现场电气试验项目的要求、步骤及安全措施等,以电气试验员的岗位职业标准为依据,以电气试验标准化作业指导书作为指导,培养学生的安全意识和规范意识。

本书为高等职业院校电气工程类各专业学生学习高电压技术课程时的理实一体化教材,也可作为电力系统、电气化铁道牵引供电系统、轨道交通牵引供电系统的电气试验人员岗前培训或职工学习培训辅导教材。也可供电力、电工方面的工程技术人员参考。

图书在版编目(CIP)数据

高压电气设备测试/王旭波主编. —西安:西安
交通大学出版社,2013.11
ISBN 978-7-5605-5531-7

Ⅰ.①高… Ⅱ.①王… Ⅲ.①高压电器-测试 Ⅳ.
①TM510.6

中国版本图书馆 CIP 数据核字(2013)第 189599 号

书　　名	高压电气设备测试	
主　　编	王旭波	
策划编辑	李慧娜	
责任编辑	李慧娜	
出版发行	西安交通大学出版社	
	(西安市兴庆南路 10 号　邮政编码 710049)	
网　　址	http://www.xjtupress.com	
电　　话	(029)82668357　82667874(发行中心)	
	(029)82668315　82669096(总编办)	
传　　真	(029)82668280	
印　　刷	陕西江源印刷科技有限公司	
开　　本	787mm×1092mm　1/16　**印张** 11.25　**字数** 270 千字	
版次印次	2013 年 11 月第 1 版　2013 年 11 月第 1 次印刷	
书　　号	ISBN 978-7-5605-5531-7/TM・86	
定　　价	23.00 元	

前　言

本书是在高等职业技术院校开设的原《高电压技术》课程的基础上，按照教育部对高等职业教育"基于工作过程的课程体系开发"思想体系设计编写的。对电气化铁道技术专业和供用电技术专业学生的就业岗位群进行调研、分析，了解学生毕业后所从事的岗位——电气试验员岗位对应的课程《高电压技术》。而《高电压技术》课程主要是培养学生较强的电介质放电、击穿理论及电力系统防雷设备和防雷措施研究，学生毕业后大多数从事绝缘测试及研究领域；但是高职教育重在培养学生成为具有高素质高技能型的实践人才，学生毕业后主要就业岗位是各铁路局供电段检修车间和电力工区，或者进入供电企业和电气制造厂从事电气设备的出厂绝缘试验。因此，按照电气试验员在企业里从事的主要工作，将课程名称改革为《高压电气设备测试》，本课程主要的开发思想是以电力企业或电气化铁道供电系统中对变电所内的所有高压电气设备进行交接、大修或预防性试验的内容为主，针对电气试验员岗位日常从事的真实的工作任务和内容进行精心编排，采用任务驱动型教学方式，按照每一台高压设备电气试验的项目和内容，先学习本任务需要的理论知识点，再根据现场试验要求，列出实践性工作任务，学生根据实践性工作任务的要求及步骤，进行接线并测试。整个过程中时时处处严把安全关，每一步都按照《电气试验员国家职业标准》和原电力部标准《DL/T596—1996电力设备预防性试验规程》等相关行业标准和规范要求去操作，整个试验操作过程中，教师以电气试验员技能鉴定的实践考核要点去考核。培养学生严谨认真的工作作风和安全意识，进入岗位后能快速适应工作，为培养具有理论及实践技能操作人才提供帮助。如学生刚走上岗位能既具有熟练的电气试验实践操作技能和理论水平，这对于提升企业的效率和成本大有裨益。

本书在编写过程中走访了长期从事电气试验的专家，掌握了大量现场资料，在编写中力求语言简洁，通俗易懂。本书得到了兰州铁路局高压试验所所长王长青同志、西安铁路局西安供电段检修车间主任刘安让以及高压试验组高级技师张康理同志的大量帮助，提供了现场一线的试验方法和技能。采用项目化教学模块，全书共分为十个项目，包括学习性任务和实践性任务：项目一以电介质的绝缘测试开始，介绍了电力系统中使用的气体、固体和液体电介质的特性及击穿过程，三个典型的实践性工作任务分别是气体的击穿电压测试、绝缘油的击穿电压测试和套管的击穿电压测试；项目二介绍常用的电气绝缘试验方法和常规绝缘测试仪器的使用方法及实验操作步骤;项目三是电力变压器的绝缘测试,主要介绍电力变压器绕组的直流电阻测试、绝缘电阻和吸收比测试、直流泄漏电流测试、介质损失角正切值测试和工频耐压测试等五项常规绝缘测试项目;项目四讲述的是高压开关设备测试,包括高压真空断路器和隔离开关的绝缘试验和动作特性测试;项目五讲的是电压互感器和电流互感器的绝缘测试和特性测试项目;项目六讲的是防雷设备及接地装置测试,主要介绍避雷针(避雷线)的保护范围确定和避雷针的接地电阻测量和金属氧化物避雷器的绝缘测试;项目七讲述套管和绝缘子测试;项目八介绍电力电容器测试;项目九介绍电力电缆测试,主要介绍10kV橡塑交联聚乙烯电缆的绝缘电阻和工频耐压测试方法;项目十介绍常用的电工绝缘工器具的检查、使用和耐压测试方法。

编写分工:西安铁路职业技术学院电气工程系王旭波任主编,负责项目一、二、三、五;西安铁路局西安供电段检修车间电气试验组张康理任副主编,负责项目八、九;河北机电职业技术学院张然任副主编,负责项目四、六、七;兰州铁路局高压试验所王长青参与编写,负责项目十和附录。全书由王旭波统稿。

由于作者水平有限,时间仓促,本书在编写中难免存在一些错误和不足,恳请各位专家学者和使用本书的广大师生朋友提出宝贵意见,敬请批评指正,不胜感激。

编写组

2013 年 8 月 12 日

目　录

课程概述

1. 高压电气设备测试的意义

在电力系统中,电力设备的安全可靠运行是电网安全可靠运行的基础。电力系统中高压电气设备的任何故障或事故都会影响工农业生产的正常进行,甚至给国民经济造成重大的损失。所以高压电气设备必须在长年使用中保持高度的可靠性和安全性。因此对高压电气设备进行一系列的绝缘和特性试验是至关重要的。高压电气设备测试是高电压技术的一个重要组成部分,是判断电气设备状态的基本手段。高压输变电工程建设一般要经过高压设备设计及研制、高压设备安装调试、高压设备运行的考核等阶段,而电力设备的高压试验是完成上述必经阶段的基本手段和前提。因此,高压电气设备测试是设备制造厂家、建设安装部门和电力生产部门都必不可少的一种技术手段,通过电气试验判断电气设备是否存在潜伏性故障或缺陷,进而对其进行检修处理,以保证电气设备的安全可靠运行。

高电压测试技术的技术性和综合性非常强,它要求电气试验人员具有以下几点:

①首先要熟悉电气试验的安全工作规程,保证设备及人身安全。

②熟悉国家颁发的"电气装置安装工程电气设备交接试验标准"及"电力设备预防性试验规程"等有关规程并认真执行。

③熟练掌握各种试验方法,正确地选择和使用试验仪器及仪表,明确各项试验的安全注意事项。

④能对试验结果进行正确分析判断。

2. 高压电气设备测试的分类

(1)按测试范围分类

①定期测试:为了及时发现设备潜在的缺陷或隐患,每隔一定时间对设备进行定期试验。例如油中溶解气体的气相色谱分析、绝缘电阻和吸收比、介质损耗角正切值 $\tan\delta$、直流泄漏、直流耐压、交流耐压、绝缘油试验等。

②大修测试:指大修时或大修后做的检查试验项目。除定期试验项目外,还需做:穿心螺栓绝缘电阻、局部放电、油箱密封试验、断路器分合闸时间和速度测试、电动机定转子间隙测量等试验,其中有些是机械方面的检查项目。

③非常测试:指定期试验或大修试验时,发觉试验结果有疑问或异常,需要进一步查明故障性质或确定故障位置时进行的一些试验,或称诊断试验。例如:空载电流、短路阻抗、绕组频率响应、振动、绝缘油含水量和油介损、氧化锌避雷器工频参考电压试验等。

④鉴定性测试:为了鉴定设备绝缘的寿命,搞清被试设备的绝缘是否还能继续使用一段时间,或者是否需要在近期安排更换而进行的试验,例如发电机或调相机定子绕组绝缘老化鉴定、变压器绝缘纸(板)聚合度、油中糠醛含量试验等。

(2)按测试性质分类

①非破坏性测试:使用较高的试验电压或用不会对被试设备绝缘产生累积残害效应的方法,根据绝缘介质中发生的各种物理过程(极化、吸收、电导等),测量绝缘的各种参数(如绝缘电阻和吸收比或极化指数、泄漏电流、介质损耗角正切值等),从而判断设备的绝缘能力,及时发觉可能的劣化现象,还可以通过历次试验积累的数据,综合分析绝缘特性随时间的变化趋势,从而能显著提高对被试设备内部绝缘缺陷的判断,但此类方法比较间接,不容易作出准确的判断。

②破坏性测试:在被试设备下施加高于设备工作电压的试验电压,从而反映危险性较大的集中性缺陷的存在,并直接检验被试设备的绝缘耐压水平或裕度。耐压试验时,对被试设备绝缘可靠性的考验比较直接和严格,缺点是试验可能给被试设备的绝缘造成一定的损害,并导致被试设备的绝缘能力下降和自恢复式的绝缘缺陷在试验过程中发展为击穿。

在进行交接或预防性试验时,应先进行非破坏性试验,后进行破坏性试验;后者应在前者合格的基础上方可进行。

(3)按试验用途分类

①出厂试验:电气设备制造厂家在电力设备制造好后进行的绝缘性能测试及设备特性测试。

②交接试验:在电气设备安装完工后,为检验设备在装卸、运输、搬运途中、安装时产生碰撞、挤压、震荡等引起设备绝缘或其他零部件损伤,必须要由有试验资质的第三方进行全所各种电气设备的绝缘测试和特性测试。

③预防性试验:在变电所电气设备投运后为确保正常、安全、可靠供电,需要定期对全所电气设备进行全部或部分试验项目的测试,以便及时发现缺陷,防患于未然。

项目一 电介质的放电击穿理论及测试

【项目描述】

对高压电气设备绝缘进行常规的绝缘试验,掌握绝缘试验方法,掌握气体、液体、固体电介质的绝缘强度试验。随着超高压和特高压电网的不断发展,对电气设备内绝缘与外绝缘的耐电等级要求越来越高。因此,要寻找耐电强度和耐热等级更高的绝缘材料,必须通过试验的方法对各种电介质的绝缘强度进行测试。本项目主要要求学生掌握气体、液体和固体电介质的击穿过程及特点,各种电气设备绝缘的绝缘试验仪器及方法,根据测试结果对绝缘状况进行分析判断。懂得绝缘测试的重要性。

【学习目标】

1.了解高电压试验的危险性,掌握试验中的安全防护措施,牢记验电接地的重要性;

2.了解气体、液体、固体电介质的放电发展过程及影响击穿电压的因素,寻找提高或改进电介质绝缘强度和耐热性能的措施;

3.掌握气体电介质的极化、电导,气体分子在电场作用下的游离、放电发展过程和击穿电压测试的基本方法,强调高电压测试中的安全措施,熟记放电和接地的重要性,防止触电事故,安全用电,加强安全防范意识;

4.熟练掌握冲击电压发生器的使用方法,注意正确地接线和操作,对高电压试验的安全意识要加强;

5.掌握液体电介质(主要是变压器油)的击穿机理及击穿放电发展过程,正确操作绝缘油介电强度测试仪进行绝缘油的击穿电压测试;

6.掌握固体电介质的击穿放电机理和发展过程,了解电场强度、温度等外界作用对固体电介质老化速度的影响,了解不同电介质耐热等级的分类方法及规定,掌握影响固体电介质击穿电压的因素及提高电介质击穿电压的方法;

7.正确使用工频耐压试验测试仪对固体电介质的击穿电压及耐电强度进行测试,理解影响固体电介质击穿电压的因素;

8.了解冲击过电压的产生原因,能在实验室利用冲击电压发生器进行陡波和截波试验。

【知识储备】

1.1 气体间隙中带电电荷的产生和消失过程

气体尤其是空气,是电力系统中最常用也最经济的电介质,如架空输配电线路的相与相之间隔开一定的距离,就是利用空气的绝缘性作相间绝缘;电力变压器高、低压套管处隔开一定的距离,也是保证三相套管的出线端有良好的绝缘。变电所高压电气设备之间有足够的距离,就是防止运行中将设备之间的空气击穿形成电气设备相与相之间短路而导致变电所瞬时停电,影响电力系统稳定运行。

如前所述,在正常状况下,气体中所有的分子都保持电中性。那么为什么在开关或刀闸闭合时会有明亮的火花?火花放电的实质是什么?这就需要研究气体分子中电荷的变化过程。

通过学习原子物理学可知,外层电子要挣脱原子核的束缚逃逸出去形成自由电子,必须从外界获得足够多的能量,跃迁到无穷大的能级轨道上,这样才能挣脱原子核的束缚形成自由电子。而气体放电的实质是空气间隙中游离的正电荷和电子相遇,发生中和反应生成原子,同时放出很强的光。中和反应的表达式为:

$$\oplus + \ominus \longrightarrow \odot + \gamma$$

因此,根据外界施加给空气分子的能量形式不同,气体中带电质点的游离形式有以下四种:

①光游离。由巴申定律可知,当用强光(紫外线、X 射线、γ 射线、伦琴射线等高能射线)去照射气体分子时,会从气体中打出光电子。这种由光辐射引起的气体分子的游离过程称为光游离。光游离的发展过程如图 1.1 所示。其中,图 1.1(a)所示为气体发生光游离的试验电路接线图,图 1.1(b)所示为试验过程中电路中的电压—电流曲线图。

光具有波粒二象性,既具有波的性质,又具有粒子性,所以也称为光子。光具有能量,其能量 W 与光子的频率 ν 成正比,即

$$W = h\nu$$

式中,h 为普朗克常数,$h = 6.62 \times 10^{-34}$ J·s。

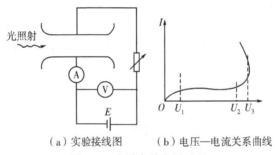

（a）实验接线图　　（b）电压—电流关系曲线

图 1.1　光游离的发展过程

②热游离。若给某一固定容积的容器里的气体加热,气体会发生游离打出电子。这种游离形式就称为热游离。造成气体分子加热后大量游离的主要原因是:温度越高,外层电子吸收的热量越多,外层电子吸收能量后就会跃迁到更高的能级轨道上,离原子核越远,原子核对外层电子的束缚力不断减小。最终,如果外层电子一次吸收的能量足够多使它跑到无限远处,它就会快速挣脱原子核的束缚力,游离到空间形成自由电子。也可以这样解释:温度越高,分子的热运动越强,气体分子的相互碰撞越剧烈,碰撞中使更多空气分子获得动能而使外层电子吸收能量游离出去。所以,热游离不是一种独立的游离形式,而是与其他游离形式相伴发生的。

③碰撞游离。用高速运动的物体去撞击气体,同样会从气体中打出光电子。这是因为:运动速度高的物体撞击气体分子时,外层电子最先接触到较大的冲击力,外层电子吸收较大的动能后成为激发态的原子,如果运动物体的速度足够大,使外层电子一次吸收足够大的动能后逃逸出去形成自由电子,彻底挣脱了原子核的吸引力,这样,空气中的电子越来越多,由前述内容可知,一个原子或分子游离时会生成一个电子和一个正电荷,电子和正电荷的数量是相等的。

④金属表面游离。它是指阴极发射电子的过程。因为阴极聚集着大量的电子,电子从阴极被释放出来需要吸收一定的能量,称为逸出功。不同金属材料的电极逸出功不相同。阴极表面游离在气体放电中起主要作用。

1.2 电介质的极化

在标准大气条件下,气体电介质是以中性状态存在的。由原子物理学可知,自然界中组成物质的最基本结构是原子或分子,原子是由内层带正电的原子核和核外绕着原子核飞速旋转的电子组成的,由于电子的质量很轻,正负电荷之间依靠电荷间的吸引力保持在稳定状态,之间相距一定的距离,整体呈电中性。

但是在外加电场作用下,电介质内部的外层电子吸收电源能量后,会发生一系列的结构变化,最终造成电介质的击穿,甚至造成电气绝缘由于过热而损坏。那么,电介质为什么会由最初良好的绝缘性能到最后丧失绝缘性能而产生变形、融化甚至击穿呢?我们从电介质在电场作用下发生的一系列的变化过程来了解其击穿的原因。

1. 电介质的极化

正常情况下,任何电介质都是呈电中性的。但在电场作用下,其电荷质点就会沿电场方向产生有限的位移,这种现象称为电介质的极化。

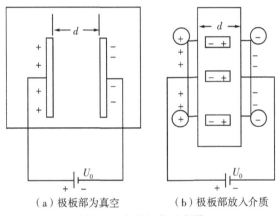

（a）极板部为真空　　　　　（b）极板部放入介质

图 1.2　介质极化示意图

图 1.2(a)所示为一平行板电容器,极板面积为 A,距离为 d,电极间所加电压为直流电压 U_0。当极板间为真空时,电压 U_0 对真空电容器充电,极板上出现的电荷为 Q_0。此时电容器的电容值 C_0 为

$$C_0 = \frac{Q_0}{U} = \frac{\varepsilon_0 A}{d} \tag{1.1}$$

式中,A——极板面积,cm^2;

d——极板距离,cm;

ε_0——真空的介电常数,8.86×10^{-14} F/cm。

然后将一块厚度为与极间距离 d 相同的固体介质放于电极间,施加同样电压,测得极板上的电荷增加到 $Q = Q_0 + \Delta Q$,这就是由电介质极化造成的。因为在外加电压作用下,介质中的正、负电荷产生位移,形成电矩,在极板上另外吸住了一部分电荷 ΔQ,所以极板上电荷增加了。此时电容值 C 为

$$C = \frac{Q}{U} = \frac{(Q_0 + \Delta Q)}{U} = \frac{\varepsilon A}{d} \tag{1.2}$$

式中，ε——介质的介电常数。

显然，$C > C_0$。定义如下：

$$\varepsilon_r = \frac{C}{C_0} = \frac{(Q_0 + \Delta Q)}{Q} = \frac{\varepsilon}{\varepsilon_0} \tag{1.3}$$

称为相对介电常数。它是充满电荷时的几何电容和真空时的静电电容的比值。各种气体的 ε_r 均接近于1，而常用的液体和固体电介质的 ε_r 则各不相同，多在2～6之间，且和温度、电源频率的不同而各不相同，并和各种极化形式有关。

2. 极化的形式

当极板间加上外加直流电场后，电场方向确定。正电荷在电场中受力方向沿着电场方向，电子受力方向是相反方向。因此，两种电荷在相反方向的电场力作用下会发生相对偏移，经过一段时间后，在不同的位置，正负电荷间的距离会有伸长或缩短，如图1.2(b)所示。在这种情况下，原子内部不再是不带电的中性状态，而是对外显示一定的极性。该过程称为电介质的极化。根据组成分子的物质结构不同，极化可分为电子式极化、离子式极化、偶极子式极化和空间电荷极化。

(1)电子式极化

分子或原子结构的单质，在没有外电场作用时，如前所述，外层电子在内部原子核对其吸引力作用下(由于其质量很小，所以电子的质量可忽略不计)，绕着原子核做高速旋转，相当于外层电子做圆周运动，它在任何时刻的轨迹就是沿圆周运动。正电荷的作用中心与负电荷的作用中心重合，原子对外不显极性，如图1.3(a)所示；有外电场作用时，电子运动轨道发生了变形，并且与原子核间发生了相对位移，正电荷作用中心与负电荷作用中心不再重合，如图1.3(b)所示。这种由电子发生相对位移形成的极化称为电子式极化。

电子式极化存在于一切电介质中。它的特点是：

①极化时间极短，约 10^{-15} s。

②极化过程中没有能量损耗。外加电场，极化发生；去掉外加电场后，由于正、负电荷之间极强的吸引力(由于电子质量很小，重力可忽略不计)，外层电子将自动回到原来的能级轨道上运动，即中性状态，故没有能量损耗。

③温度对极化影响很小。

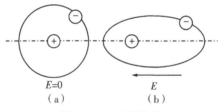

$E=0$ E
(a)   (b)

图1.3 电子式极化

(2)离子式极化

离子式极化发生于离子结构的电介质中。固体无机化合物(如云母、陶瓷、玻璃等)的分子多属于离子结构。在无外电场作用时，电介质内大量离子对在内部做无规则的热运动，偶极矩互相抵消，平均偶极矩为零，电介质对外没有极性。在外加电压作用下，正、负离子沿电力线在各自所受的电场力作用下向相反方向发生位移，正、负电荷的作用中心发生偏移，平均偶极矩不再为零,电介质对外显示极性。像这种由离子的位移形成的极化称为离子式极化。

离子式极化的特点是:

①极化所需时间很短,约为 10^{-13} s。

②极化过程中没有能量损耗。

③温度对极化过程有影响。温度升高时,一方面离子间的结合力降低,使极化程度增大;另一方面离子的密度降低,又使极化程度降低。一般前者的影响大于后者,所以这种极化的极化程度随温度的升高而增大。

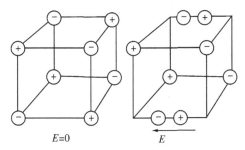

图 1.4　离子式位移极化

(3)偶极子式极化

极性电介质的分子本身就是一个偶极子。在没有外电场作用时,单个的偶极子虽然具有极性,但内部无数的偶极子均处于无规则的热运动中,排列毫无规则,相互作用抵消,整个电介质对外显示呈电中性;在外加电压作用时,偶极子受电场力作用发生转向,并沿电场方向定向排列,整个电介质的偶极矩不再为零,对外显示出极性。像这种由偶极子转向形成的极化称为偶极子式极化。

偶极子式极化的特点是:

①极化所需时间较长,约为 $10^{-10} \sim 10^{-2}$ s,故极化程度与外加电压的频率有较大关系。频率较高时,极化减弱。

②极化过程中有能量损耗。

③温度对极化过程影响很大。

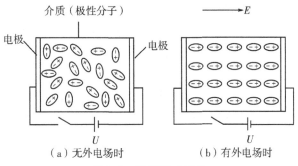

图 1.5　偶极子式极化

(4)空间电荷极化(夹层式极化)

上述三种极化都是由电介质中束缚电荷的位移或转向形成的,而空间电荷极化则是由电介质中自由离子的移动形成的。夹层极化是空间电荷极化最常见的一种极化形式。主要表现在不同材料的电介质接触面上,如交联聚乙烯电缆中塑料、橡胶绝缘层或油纸绝缘分界面上。对两层不同材料的电介质,将直流电压 U 突然加在两平行板电极上,在开关 K 刚合闸瞬间,两层介质上的电压分配与各层电容成反比(突然合闸的瞬间相当于很高频率的电压),即

$$\frac{U_1}{U_2}\bigg|_{t=0} = \frac{C_2}{C_1} \tag{1.4}$$

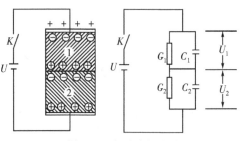

图 1.6　夹层式极化

到达稳态后,各层电压与电阻成正比,即与电导成反比。

$$\frac{U_1}{U_2}\bigg|_{t=\infty} = \frac{G_2}{G_1} \tag{1.5}$$

如介质是单一均匀的,则 $\varepsilon_{r1}=\varepsilon_{r2}$,$C_1=C_2$,$G_1=G_2$,则

$$\frac{U_1}{U_2}\bigg|_{t=0} = \frac{U_1}{U_2}\bigg|_{t=\infty} \tag{1.6}$$

即合闸后,两层介质之间不会产生电压重新分配过程。

如介质不均匀,即 $\varepsilon_1\neq\varepsilon_2$,$C_1\neq C_2$,$G_1\neq G_2$,则

$$\frac{U_1}{U_2}\bigg|_{t=0} \neq \frac{U_1}{U_2}\bigg|_{t=\infty} \tag{1.7}$$

合闸后,两层介质之间有一个重新分配电压的过程,即 C_1、C_2 上的电荷要重新分配。设 $C_1>C_2$,$G_1<G_2$,则在 $t=0$ 时,$U_1<U_2$;$t\to\infty$时,$U_1>U_2$。即 $t=0$ 以后,随时间 t 的增大,U_1 逐渐增大而 U_2 逐渐下降(因为 $U_1+U_2=U$ 是一个常数)。也即 C_2 上一部分电荷要通过 G_2 放掉,而 C_1 要从电源再吸收一部分电荷,这一部分电荷称为吸收电荷。由于夹层的存在,使得在介质分界面上出现吸收电荷,整个介质的等值电容增大,这一过程称为吸收过程。吸收过程完毕,极化过程结束,因而该极化称为夹层极化。吸收过程要通过 C_1、C_2 和 G_1、G_2 进行,其放电时间常数为 $\tau=(C_1+C_2)/(G_1+G_2)$。由于电导 G 的数值很小,因而时间常数 τ 很大,极化过程非常缓慢。当介质受潮时,电导增大,τ 将大大降低。假如外加电压频率高,因电荷来不及动作而没有极化过程。同样道理,去掉外加电压之后,介质内部电荷释放也是十分缓慢的。因此,对使用过的大电容量设备,应将两极短接充分放电,以免过一定时间后吸收电荷陆续释放出来而危及人身安全。

夹层式极化过程中有能量损耗,因而是非弹性极化。

1.3　气体电介质的电导

从电介质的微观结构来看,其内部虽然存在大量的带电质点,但这些带电质点一般是束缚

电荷,因为内部原子核有很强的吸引力(分子键)紧紧将外层电子吸引在其周围,外层电子只能紧紧围绕原子核做高速旋转。它们不能在电介质内自由移动,所以不能形成电流。但是由于外界游离因素的作用,电介质内常存在部分自由带电质点,正是这些自由带电质点在电场力的作用下作定向运动,使电介质内部有电导电流,所以电介质具有一定的导电性。那么,电介质的电导和金属导体的电导过程相同吗? 答案是否定的。电介质导电是依靠电介质内部少量的自由离子,而金属导体导电是依靠金属内部大量的自由电子,因为金属原子分子量大,原子半径大,原子核对外层电子的吸引力小,外层电子吸收能量后很容易逃逸出去形成自由电子,在金属晶格内做无规则热运动。在外电场作用下,这些自由电子沿电场力方向定向运动,在导体内形成定向电流。

气体电介质的电导主要是气体中少量自由电子在电场力作用下快速定向运动,与更多气体分子发生碰撞,碰撞过程中完成能量交换,使气体分子吸收更多能量后发生游离,游离产生的大量电子在电场力作用下又与起始电子一起向正极板运动,这样气体电介质中就产生电导电流。在外加电压较低时,电荷运动速度慢,电导发展时间长;反之,随着外加电压不断增大,气体分子所受电场力也在不断增大,带电质点快速向正极板运动过程中与越来越多的空气分子发生碰撞,将能量传递给气体分子,最终极板间大量的气体分子发生游离,形成极大的电导电流,气体分子的绝缘性被破坏,导致极板间发生击穿。

1.4 电介质的损耗

1. 电介质的损耗

在生活中大家都有这样的体会:电动机通电转动一段时间后,电缆线的外绝缘层就会发热,时间长就会很烫;家用电器设备在通电工作一段时间后,外壳或者电线的绝缘层就变得很热。这说明,电介质在电压作用下有能量损耗,一种是由电导引起的损耗,另一种是由有损极化引起的损耗。在直流电压下,由于无周期性极化过程,因此,当外施电压低于局部放电电压时,介质中损耗仍由电导引起,此时用绝缘电阻就足以表达;而在交流电压作用下,除了电导损耗外,还由于存在周期性极化引起的能量损耗,因此,引入介质损耗这一新的物理量来表达。在交流电压下,电介质的有功损耗称为介质损耗。

(1)电介质的等值电路及相量图

如图 1.7 所示电路中,在电介质两端施加交流电压 $\dot{U}$,由于介质中有损耗,电流 $\dot{I}$ 不是纯

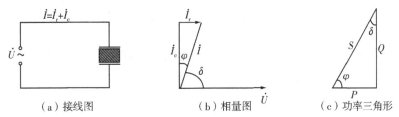

(a) 接线图　　　(b) 相量图　　　(c) 功率三角形

图 1.7 电介质在交流电压作用下的电流相量图及功率三角形

电容电流,可分为两个分量:

$$\dot{I} = \dot{I}_r + \dot{I}_c \tag{1.8}$$

式中,$\dot{I}_r$——有功电流分量;

$\dot{I}_c$——无功电流分量。

电源提供的视在功率为

$$S = P + jQ = jUI_c \tag{1.9}$$

由图中所示的功率三角形可知,介质损耗为

$$P = Q\tan\delta = U^2\omega C\tan\delta \tag{1.10}$$

从式(1.10)可以看出,介质损耗值与试验电压的平方和电源频率成正比,与被试品尺寸、放置位置有关,不同被试品之间难以进行比较。而当外加电压和频率一定时,P 与介质的物理电容 C 成正比,对一定结构的被试品而言,电容 C 是定值,P 与 $\tan\delta$ 成正比,故对同类被试品绝缘的优劣,可直接用 $\tan\varphi$ 来代替 P 值,对绝缘进行判断。因此,定义 δ 为介质损失角,它是功率因数角 φ 的余角。介质损失角正切值 $\tan\delta$ 取决于材料的特性,而与材料尺寸无关,可以方便地表示电介质的品质。如图1.8所示为电介质的等值电路图。由图1.8可以看出,电介质的等值电路是由电阻和电容的串、并联电路组成的。

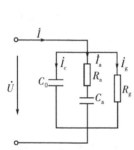

图 1.8　电介质的等值电路

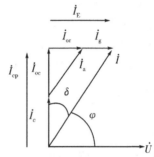

图 1.9　交流电压下电介质的电流相量图

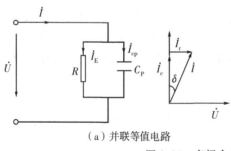

（a）并联等值电路

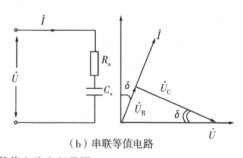

（b）串联等值电路

图 1.10　有损介质的等值电路和相量图

电介质的等值电路可以用电阻和电容的串联和并联电路来表示。如图1.10所示。

$$\tan\delta = \frac{I_R}{I_C} = \frac{U/R}{U\omega C_p} = \frac{1}{\omega C_p R} \tag{1.11}$$

$$P = \frac{U^2}{R} = U^2\omega C_p\tan\delta \tag{1.12}$$

从图1.10(b)中可得

$$\tan\delta = \frac{U_R}{U_C} = \frac{I_R}{I/\omega C_s} = \omega C_s R \tag{1.13}$$

$$P = I^2 R = \frac{U_2 R}{R^2 + (1/\omega C_s)^2} = \frac{U^2 \omega^2 C_s^2 R}{1 + (\omega C_s R)^2} = \frac{U^2 \omega C_s \tan\delta}{1 + \tan^2\delta} \qquad (1.14)$$

但上述等值电路只有计算上的意义,不能确切地反映介质的物理过程。如果损耗主要是由电介质的损耗主要是由有损极化和电导引起的,常使用并联等值电路,如果损耗主要是由介质极化及连接导线引起的,则常采用串联等值电路。但要注意其中参数不同:

$$C_p = \frac{C_s}{1 + \tan^2\delta} \qquad (1.15)$$

由于电气绝缘的 $\tan\delta$ 一般很小,$1+\tan1+\tan^2\delta \approx 1$,故 $C_p \approx C_s$,此时,并、串联等值电路的介质损耗表达式可用同一公式表示为

$$P = U^2 \omega C \tan\delta \qquad (1.16)$$

由上式可知,对于同一电压等级、相同大小和尺寸的电气绝缘,电压作用时介质损耗的能量大小只与介质损失角正切值 $\tan\delta$ 有关,只需要测量出 $\tan\delta$,就可以确定出介质损耗的大小。

1.5　气体间隙的击穿过程

1. 均匀电场中气体的放电

英国物理学家汤逊(Townsend)根据均匀电场低气压条件下的放电试验,总结出汤逊放电理论,也即适合于 δd 值较小情况下气体放电的电子崩理论。后来又有人提出 δd 值较大情况下气体放电的流注理论。

汤逊理论认为,δd 值较小时气体间隙的击穿主要由电子的碰撞游离和正离子撞击阴极表面造成的表面游离所引起。

图 1.11(a)所示为一个低气压下电介质为空气的平行板电极。紫外线光源通过石英窗口照射到阴极板上,使之发射出光电子,一定强度的光照射所产生的光电子是一个常数。当在极板间加上可变直流电压后,极板间空气间隙的伏安特性如图 1.11(b)所示。

设在外部游离因素光照射下产生的一个电子,在电场作用下,这个电子在向阳极做定向运动时不断引起碰撞游离,气体质点游离后新产生的电子和原有电子一起,又从电场获得能量继续沿电场方向运动,引起游离。这样下去,电子数就像雪崩似地增加,形成电子崩,如图 1.12所示。电子崩的出现,使气隙中带电质点数大增,故电流也大大增加了。

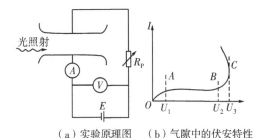
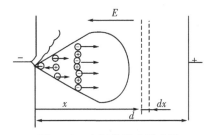

（a）实验原理图　（b）气隙中的伏安特性

图 1.11　气体间隙放电实验原理图及其伏安特性

图 1.12　电子崩形成示意图

2. 不均匀电场中的气体放电

前面我们介绍的是均匀电场中放电的发展过程。在电力系统实际运行中所遇到的绝缘结构大多是不均匀的形状。不均匀电场的形式很多,绝大多数是不对称电场,少数为对称电场。

不对称电场的典型是棒—板间隙,比如变压器的主触头之间;对称电场用棒—棒间隙或

球—球间隙来代表,比如架空电力线相与相之间。电场的不均匀程度,用不均匀系数 k_e 表示,它是最大场强 E_{max} 与平均场强 E_{av} 的比值 $k_e = E_{max}/E_{av}$

$k_e < 2$ 时,是稍不均匀电场;$k_e > 4$ 后,是极不均匀电场。稍不均匀电场中击穿形式、过程和均匀场中的类似。虽然电场不均匀,但还不能维持稳定的局部放电,一旦放电达到自持,必然导致整个间隙立即击穿。而在极不均匀电场中间隙击穿前出现稳定的电晕放电,且放电过程具有显著的极性效应,间隙距离较长时,将出现先导放电过程。

(1)电晕放电

在电场形状极不均匀时,随着间隙中所加电压的升高,在大曲率电极附近很小范围的电场,由于间隙距离较短,尖端部分很小范围的空气电场强度很大,比整个间隙中的平均场强大很多,足以使空气发生游离,而间隙中大部分区域电场仍然很小。所以,在尖端电极附近大量游离的带电质点还没有来得及分开,在强电场的作用下正负电荷又快速发生复合反应,放出大量的光子。因此,尖端电极附近就会有一薄层蓝紫色的光晕,像太阳周围一圈耀眼的光晕一样,称为电晕放电。

电晕放电是极不均匀电场所特有的一种自持放电形式,是极不均匀电场的特征之一。通常以开始出现电晕时的电压称为电晕起始电压,它低于击穿电压,电场越不均匀,两者的差值越大。

在电力系统中,电晕放电的危害主要有:

①电晕放电过程中的光、声音、热的效应以及化学反应等都要引起能量损耗;

②电晕放电时产生的高频电磁波,对无线电通信系统造成极大的干扰;

③电晕放电使空气发生化学反应,生成臭氧、氮氧化物等产物,遇雨发生化学反应生成硝酸,形成酸雨,是强氧化剂和强腐蚀剂,对金属电极造成损伤或腐蚀,对土壤和水质及环境造成极大的污染。

在电力工程中经常遇到极不均匀电场,架空电力线路就是电晕放电的实例。在雨雪等恶劣气候环境下,在高压输电线附近可听到"咝咝"的电晕放电声,夜晚还能看到高压线周围紫色晕光,一些高压电气设备上的电极附近也会发生电晕。

随着输电电压的提高,电晕放电的危害也越来越突出。目前,限制电晕的有效办法是改进电极形状,增大电极的曲率半径,如在设备上或绝缘子上采用均压环,屏蔽环等。在某些载流量不能满足要求的场合,采用空心、薄壳、扩大尺寸的球面或旋转椭圆等形式的电极,超高压输电线路采用分裂导线,即每相导线由两根或两根以上的导线组成。分裂导线在保持相同截面的条件下,导线表面积比单导线时增大,但导线的电容以及电荷增加得很少,这就使得导线表面场强得以降低,限制电晕放电和增加线路输送功率。高压或超高压输变电系统中变压器、断路器等许多高压电气设备的出线电极都采用空心、扩大尺寸的球面或旋转椭圆面等形式的电极,就是为了减少电晕放电。

虽然电晕放电的危害很多,但是在工业上人们也会利用电晕来进行工业生产。例如,近些年来在电气除尘、静电复印、静电喷涂等方面电晕也有较为广泛的应用。还有,在输电线路上利用电晕可降低输电线路上的雷电或操作冲击波的幅值和陡度。

(2)极性效应

在极不均匀电场中,间隙上所加电压不足以导致击穿时,在大曲率电极附近,电场最强,就可发生游离过程,形成电晕放电。对于电极形状不对称的不均匀电场气隙,如棒—板间隙,棒的极性不同时,间隙的电晕起始电压和击穿电压各不相同,这种现象称为极性效应。极性效应是不对称的不均匀电场所具有的特征之一。

极性效应是由于棒的极性不同时,间隙中的游离电荷对外电场的畸变作用不同而引起的。给棒—板间隙上加上直流电压,不论棒的极性如何,间隙中的场强分布都是很不均匀的。棒极附近的场强很高,当外加电压达到一定值后,棒极附近的空气分子最先发生游离。若棒极极性为正,间隙中游离产生的电子在电场力作用下向棒极运动,进入棒极强场区发生碰撞游离,形成电子崩。电子崩头部的电子发展到棒极时,电子和棒极上大量的正电荷发生中和反应,剩下的正电荷由于受到棒极上大量正电荷的排斥作用,缓慢向阴极运动。由于这些正空间电荷的存在,它们所产生的电场对原电场造成一定的畸变。正空间电荷在棒—板间隙中将原电场分成了两个区域,场强加强区域Ⅰ和场强减弱区域Ⅱ。这些正空间电荷使靠近棒极附近的场强减弱,因此,棒极附近难以形成放电,故其起晕电压较高;靠近板极的场强与原电场方向一致,场强加强,有利于形成流注,放电发展速度很快,故其击穿电压较低。

当棒极为负极性时,电子崩的发展方向与棒极为正时的相反。阴极表面游离产生的电子通过强场区形成电子崩。电子崩发展到强场区之外后,由于电力线呈发散状,场强减小,电场力不断降低,电子崩中的电子不再引起碰撞游离,而以越来越慢的速度向阳极运动,大多数与空气分子结合后形成负离子,负离子的体积和质量比空气分子大。这样,在棒极附近出现了比较集中的正空间电荷,而向间隙深处靠近板极附近则是非常分散的负离子,也叫负空间电荷。负空间电荷比较分散,浓度小,对电场的影响不大,而正空间电荷却使外加电场产生的电场发生畸变。最终,棒极附近的场强由正空间电荷在靠近棒极处产生的与原电场方向相同的场强,得到加强,放电容易发生,更容易形成自持放电,故其起晕电压较低;反之,靠近板极附近的电场合场强比原电场小,场强得到削弱,达不到放电发展的条件,其击穿电压较高。

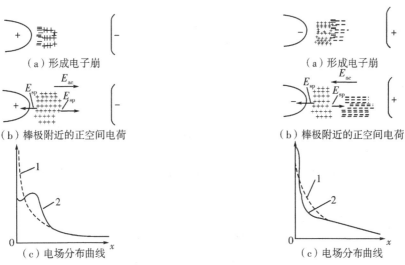

（a）形成电子崩　　　　　　　　　　　（a）形成电子崩

（b）棒极附近的正空间电荷　　　　　　（b）棒极附近的正空间电荷

（c）电场分布曲线　　　　　　　　　　（c）电场分布曲线

1—外电场 E_{ex} 沿间隙的分布;2—考虑空间电荷的电场分布 E_{sp} 后间隙中的电场分布

图 1.13　正棒—负板间隙中空间电荷对外电场的畸变作用

1—外电场 E_{ex} 沿间隙的分布;2—考虑空间电荷的电场分布 E_{sp} 后间隙中的电场分布

图 1.14　负棒—正板间隙中空间电荷对外电场的畸变作用

1.6 雷电冲击电压下空气的击穿电压

1. 标准波形

电力系统中的过电压大多数是一种冲击电压,其持续时间短,在冲击电压下气隙的击穿具有新的特性。

为了在实验室中模拟出实际电力系统中的过电压,以考验电气设备绝缘介质在过电压下的耐受能力,使所得结果便于比较,各国都制定了冲击电压标准波形。标准波形是根据电力系统中大量实测得到的雷电放电造成的电压波和操作过电压波制定的。

我国规定的标准雷电冲击电压与国际电工委员会(IEC)规定的标准波形一致,如图 1.15所示。冲击波是非周期性指数衰减波,可用波前时间 T_1 及半峰值时间 T_2 来确定。$T_1 = 1.2\mu s$,允许偏差$\pm 30\%$,$T_2 = 50\mu s$,允许偏差$\pm 20\%$。冲击电压除 T_1 和 T_2 外,还应指出其极性。标准波形通常可以表示为$+1.2/50\mu s$ 或$-1.2/50\mu s$。

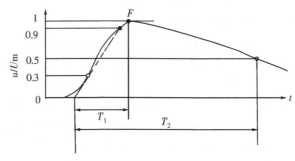

图 1.15 标准雷电冲击电压波形

2. 击穿时间

图 1.15 所示表示冲击电压下空气间隙的击穿电压波形。间隙从开始出现电压至间隙完全击穿所需的时间称为击穿时间或全部放电时间。它由三部分组成:

①升压时间 t_0:电压从零升到持续电压下的击穿电压 U_0(称为静态击穿电压)所需的时间。

②统计时延 t_s:从电压达到 U_0 的瞬时起到间隙中形成第一个有效电子为止的时间。

③放电形成时延 t_f:从形成第一个有效电子的瞬时起到间隙完全被击穿为止的时间。

所谓有效电子是指能引起一系列的游离过程,最后导致间隙完全被击穿的电子。在 t_0 以前,因电压小于 U_0,间隙中不可能发展击穿过程,所以不会形成有效电子。即使时间达到 t_0,电压达到 U_0,击穿过程也可能还没有开始,因为有效电子的出现具有偶然性,不一定在电压一达到 U_0 时就立刻形成,所以间隙中出现有效电子的时间也可能要比 t_0 长。有效电子何时出现是一个随机时间,与电压大小、间隙中光的照射强度等因素有关,故统计时延具有分散性。有效电子出现后,间隙中开始出现各种游离过程,放电开始发展,经放电形成时延。t_f 后使间隙完全击穿。

击穿时间 t_b 可表达为

$$t_b = t_0 + t_s + t_f \tag{1.17}$$

其中 t_s 与 t_f 之和称为放电时延 t_1,即

$$t_1 = t_s + t_f \tag{1.18}$$

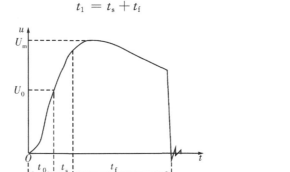

图 1.16　放电时间的形成

短间隙（1cm 以下）中，特别是电场均匀时，t_f 远小于 t_s，放电时延实际上就等于统计时延。较长的间隙中，放电时延主要决定于放电形成时延。在电场比较均匀时，放电发展速度快，放电形成时延较短；在电场极不均匀时，放电发展到弱场强区后速度较慢，放电形成时延较长。

3. 伏秒特性

一个间隙要发生击穿，不仅需要足够高的电压，还必须有充分的电压作用时间。当击穿过程发展中加在间隙中的电压随时间变化时，击穿电压是指间隙上出现的最高电压。对持续电压来说，因为电压变化的速度比放电发展的速度慢得多，在电压达到静态击穿电压后的放电时延内可认为电压基本保持不变，所以击穿电压等于静态击穿电压，间隙的击穿强度用击穿电压值就能反映。对雷电冲击电压来说，因为电压冲击性较强，变化速度极快，在电压达到静态击穿电压后的放电时延内，因为一般电压变化较大，击穿电压肯定会高于静态击穿电压；而且对某一固定的气体间隙，击穿电压随击穿时间变化，没有固定的数值。所以雷电冲击电压下空气间隙的击穿场强不能仅仅用击穿电压表示，对于某一冲击电压波形，必须用击穿电压和击穿时间两者来共同表达。

对某一冲击电压波形，间隙的击穿电压和击穿时间的关系称为伏秒特性。它可以比较全面地反映气体间隙在冲击电压作用下的击穿特性。

伏秒特性可用试验的方法求取。对同一间隙，施加一系列标准波形的冲击电压，使间隙击穿，用示波器来获取。电压较低时，击穿发生在波尾，在击穿前的瞬时电压虽已从峰值下降到一定数值，但该电压峰值仍是气隙击穿的主要因素。因此，以间隙上曾经出现的电压峰值为纵坐标，以击穿时间为横坐标，得伏秒特性上一点；升高电压，击穿时间减小，电压升高时可在波头击穿，此时以击穿时间为横坐标，击穿时电压为纵坐标得伏秒特性上又一点。当每级电压下只有一个击穿电压时，可绘出伏秒特性曲线如图 1.17 所示为一条曲线。但击穿时间具有分散性，在每级电压下可得一系列击穿时间。所以实际的伏秒特性不是一条简单的曲线，而是以上下包络线为界的一个带状区域。

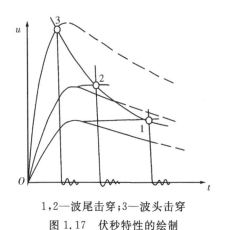

1,2—波尾击穿;3—波头击穿

图 1.17 伏秒特性的绘制

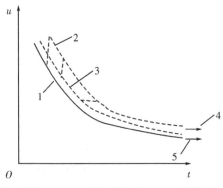

1—0%伏秒特性;2—100%伏秒特性;3—50%伏秒特性;4—50%冲击击穿电压;5—0%冲击击穿电压(即静态击穿电压)

图 1.18 伏秒特性实际分散情况

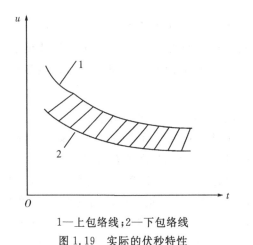

1—上包络线;2—下包络线

图 1.19 实际的伏秒特性

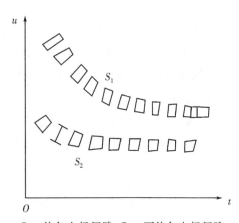

S_1—均匀电场间隙;S_2—不均匀电场间隙

图 1.20 均匀和不均匀电场间隙的伏秒特性

在工程上常用"50%击穿电压"来表示间隙的击穿电压。50%击穿电压 $U_{50\%}$ 是指在该电压下进行多次试验,气隙击穿和不击穿的概率各占 50%。该电压表征了气隙冲击击穿特性的基本耐电性能,是一个重要参数。

伏秒特性形状和气体间隙电场的均匀程度有关。对不均匀电场,由于平均击穿场强较低,且流注总是从强场区向弱场区发展,放电发展到完全击穿需要较长时间,如不提高电压峰值,可相应减小击穿前时间,放电发展时间延长,分散性也大。因此,伏秒特性在击穿时间还相当大时,便随时间 t 的减小而有明显的上翘。在均匀电场或稍不均匀电场中,平均击穿场强较高,流注发展较快,放电发展时间较短,因此,其伏秒特性较平坦,如图 1.20 所示。

伏秒特性对于比较不同设备绝缘的冲击击穿特性具有重要意义。如果一个电压同时作用在两个并联的绝缘结构上,其中一个绝缘结构先击穿,则电压被截断短接,另一个就不会再被击穿,称前者保护了后者。所以在工程上,常将保护间隙 S_2 与被保护间隙 S_1(高压电气设备)并联在一起,而保护间隙 S_2 的形状设计成极不规则的形状,使其产生的电场是极不均匀电场,伏秒特性曲线始终位于被保护间隙的伏秒特性曲线下方;被保护间隙 S_1 的形状尽量做成均匀电场(如平行板电极等),如图 1.20 所示。这样则在同一电压下,S_2 都将先于 S_1 击穿,S_2 就能

可靠地保护 S_1。

由以上分析可知,如果要求保护设备能可靠地保护被保护设备,保护设备的伏秒特性必须全面低于被保护设备的伏秒特性,且越平坦越好。

1.7　沿面放电

电气设备中用来固定支撑带电部分的固体介质,比如输电线路杆塔上的针式或悬式绝缘子、隔离开关的支柱绝缘子、变压器高低压侧的出线套管等,都是暴露在空气中。当线路中由于雷电或开关倒闸操作产生的过电压超过一定限值时,常常会在固体电介质和空气的分界面上出现气体放电现象,像这种沿着固体电介质表面的空气发生的放电称为沿面放电。沿面放电是一种常见的气体放电现象,当沿面放电由一个电极发展到另一电极时,就发生贯穿性的放电,称为沿面闪络。沿面闪络电压比气体或固体单独做绝缘介质时的击穿电压都低,受表面状态、空气污秽程度、气候条件等因素影响很大。电力系统中的绝缘事故,很多是沿面放电造成的。比如,工业污秽区的输电线路、变电站绝缘子在雨、雾天气时绝缘子闪络、输电线路受雷击时绝缘子的闪络等引起跳闸,都是沿面放电的原因造成的。所以,通过了解现场沿面放电现象及其发展过程及规律,对保证电气设备安全稳定运行具有非常重要意义。

1. 沿面放电的物理过程

沿面放电与固体电介质表面的电场分布有很大关系,它直接受电极形式和表面状态的影响。按电瓷绝缘结构分,固体电介质处于电场中的形式有以下三种情况:

(1)固体介质处于均匀电场中

固体介质处于均匀电场中,固体、气体介质分界面平行于电力线,如图 1.21(a)所示。瓷柱的引入,虽未影响极板间的电场分布,但放电总是发生在瓷柱表面,且闪络电压比纯空气间隙的击穿电压要低得多。造成这种现象的原因是:第一,固体介质与电极吻合不紧密,存在气隙。由于空气的介电常数比固体介质低,气隙中场强比平均场强大得多,气体中首先发生局部放电。放电发生的带电质点到达固体介质表面,使原均匀电场畸变,变成不均匀电场,降低了沿面闪络电压,如图 1.22 中曲线 4 所示。第二,固体介质表面吸潮而形成水膜。水具有离子电导,离子在电场中受电场力作用向介质表面移动,在电极附近积聚起电荷,使介质表面电压不均匀,电极附近场强增强。因此沿面闪络电压低于纯空气间隙的击穿电压,如图 1.22 所示。可见,沿面闪络电压和大气湿度及绝缘材料表面吸潮性有关。由图 1.22 可知,瓷的闪络电压比蜡的低,这是因为石蜡不易吸潮。第三,介质表面电阻分布不均匀,表面粗糙,有毛刺或损伤,都会引起沿介质表面分布不均匀,使闪络电压降低。

均匀电场中沿面放电现象在实际工程中较少。但人们常用改进电极形状的方法使电场接近均匀,如对圆柱形的支柱绝缘子,可采用环状附件改善沿面电压分布,使瓷柱处于稍不均匀电场中,而具有类似均匀电场沿面放电的规律。

(2)固体介质在有弱垂直分量的极不均匀场中

固体介质在极不均匀电场中,电场强度具有较弱的垂直于表面的分量,如图 1.21(b)所示。

支柱绝缘子是一典型实例。此时,电极形状和布置已使电场很不均匀,因此,在不均匀电场中影响电场分布不均匀的因素对闪络电压的影响不如均匀场中显著。其他有关在均匀电场中分析沿面放电的叙述,均可用来解释这类不均匀电场中的沿面放电,这是由于沿面闪络电压

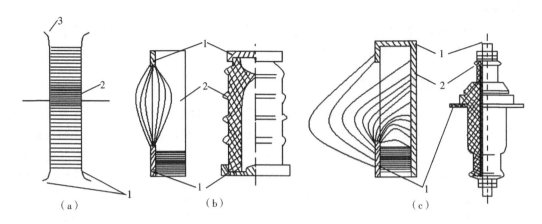

（a）均匀电场；（b）有弱垂直分量的极不均匀电场；（c）有强垂直分量的极不均匀电场

图 1.21　介质在电场中的典型布置方式

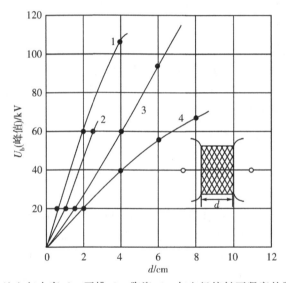

1—纯空气击穿；2—石蜡；3—陶瓷；4—与电极接触不紧密的陶瓷

图 1.22　均匀场中不同介质沿面工频闪络电压

比纯空气间隙的击穿电压低得多。为了提高沿面放电电压，一般从改进电极形状以改善电极附近电场着手。

（3）固体介质在有强垂直分量的极不均匀场中

固体介质在极不均匀电场中，电场强度具有较强的垂直于表面的分量，如图 1.21(c)所示。套管就是一个典型的实例。

工程中具有这类结构的很多，它的闪络电压较低。下面就以套管为例，分析沿面放电发展过程，如图 1.23 所示。

当电压较低时，由于法兰处的电场很强，首先在法兰边缘处出现电晕，如图 1.23(a)所示。随着电压的升高，电晕向前延伸，逐渐形成具有辉光的细线状火花，如图 1.23(b)所示。细线状火花放电通道中电流密度较小，压降较大，放电细线的长度随外加电压的升高而成正比地伸长。当电压继续升高，超过某一临界值后，放电性质发生变化。线状火花被电场法线分量紧紧地压在介质表面上，在切线分量作用下，线状火花与介质表面摩擦，又向前运动，电流增大时，在火花通道中个别地方的温度可能升得很高，可高到足以引起气体热游离的程度。热游离使通道中带电质点数目剧增，通道电导猛增。压降剧降，并使其头部场强增强，通道迅速向前发展，形成紫色、明亮的树枝状火花。这种树枝状火花此起彼伏，很不稳定，称为滑闪放电，如图1.23(c)所示。因此，滑闪放电是以介质表面放电通道中发生了热游离作为内部特征的，其树枝状火花的长度，是随外加电压的增加而迅速增长的。当滑闪放电的树枝状火花到达另一电极时就形成了全面击穿即闪络，电源被短接。此后依据电源容量大小，放电可转入火花放电或电弧放电。由于电动力与放电通道发热的上浮力的作用，可使火花或电弧离开介质表面，拉长熄灭。

由以上分析可知，放电转入滑闪放电阶段的条件是通道中带电质点剧增，流过放电通道中的电流经过通道与另一电极的电容构成通道，如图1.22(d)所示。此时通道中的电流即通道中的带电质点的数目，随通道与另一电极间的电容量和电压速率加大而增多，前者用介质表面单位面积与另一电极的电容数值来表征，称为比电容 $C_0(\mathrm{F/cm^2})$。由于 C_0 的分流作用，套管表面各处电流不等，越靠近法兰电流越大，单位距离上压降也大，法兰处也就越容易发生游离，这就使套管表面的电压分布更不均匀。电压愈高，变化速度愈快，C_0 分流作用愈大电压分布愈不均匀，沿面闪络电压也就愈低。

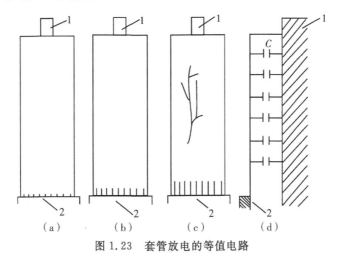

图1.23　套管放电的等值电路

2.影响沿面放电电压的因素

电介质表面情况的影响：在户外工作的绝缘子或其他电气设备，如在运行过程中被雨水淋湿绝缘表面或表面受到脏污，沿面闪络电压都会急剧下降。

(1)表面被雨淋湿的沿面放电

当固体绝缘表面被雨淋湿时，如图1.24所示，在其表面会形成一层导电性的水膜，放电电压迅速下降。为了防止这种状况，实际工程中的户外式绝缘子总是具有较大的裙边。下雨时仍淋湿裙边的上表面，上表面形成一层较厚的水膜，电导较大，裙边的下表面和金具表面 CBA' 不直接被雨淋湿，只是由落在下面一个绝缘子上的雨滴所溅湿，受湿程度较小，水膜不能贯通绝缘子的上下两极。这样，绝缘子总是存在一部分较干燥的表面，沿面闪络电压得以提高。

潮湿状态下的绝缘子的闪络电压称为湿闪电压。以悬式绝缘子 X－4.5C 为例,湿闪电压为 45kV,干燥状态下的闪络电压为(称为干闪电压)为 75kV,湿闪电压是干闪电压的 60%。

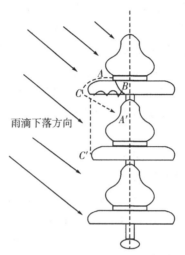

图 1.24　雨淋时沿绝缘子串闪络情况

(2)污秽的影响

电力系统中电气设备的外绝缘在运行中会受到工业污秽或自然界盐、碱、飞尘等污秽的污染。干燥情况下,这些污秽物对绝缘子的沿面闪络电压没有多大的影响,但在毛毛雨、雾、露、雪等恶劣的气候条件下,会造成绝缘子沿面闪络电压下降,甚至可能在运行电压下绝缘子就发生闪络,引起线路跳闸,危及电力系统的安全运行。这种污闪事故一般为永久性故障,不能用自动重合闸消除,往往会引起大面积停电,检修恢复时间长,影响严重。据统计,污闪事故造成的损失已超过雷害事故。因此,研究污秽绝缘闪络,对大气脏污地区线路和变电所绝缘的设计和运行有重要意义。

运行中的绝缘子,在毛毛雨、雾、露等的作用下,其表面污秽层受潮湿润,在绝缘子表面形成导电水膜,表面电导大大增加,污层电导与污秽量、污秽中所含导电物质多少、污层吸潮性能的强弱、水分的导电性能等有关。表面电导增加,流过绝缘子表面泄漏电流急剧增大。由于绝缘子结构形状、污秽分布和受潮情况的不均匀等原因,表面各处电流密度不均匀,在铁帽和铁脚附近的电流密度最大。在这些地方,局部污层表面发热增大而被烘干,出现干燥区,电压降集中在此,易产生辉光放电。随着表面电阻的增大,电压分布变化,最后形成局部电弧。局部电弧可能发展成整个绝缘子的闪络,也可能自行熄灭,取决于外加电压的高低和电弧中流过的电流。

当局部小弧产生时,局部电弧又迅速烘干邻近的湿润表面,并很快向前发展,此时,整个绝缘子表面可视为局部电弧燃烧与剩余湿润部分相串联,表面泄漏电流取决于电弧通道中的电导和剩余湿润层电导。如果污秽较轻或绝缘子的泄漏距离较长或电源功率不足时,剩余湿润污层电阻较大,则干燥带上的电弧中电流较小,放电呈蓝紫色的细线状。当放电电弧长度延伸到一定程度时,如外施电压和电流不足以维持电弧燃烧,在交流电流过零时电弧熄灭。此时,干燥带已扩展到较大范围,使表面总的电阻增大,表面泄漏电流减小,烘干作用大为减弱。经过一段时间,干燥带又重新湿润,泄漏电流增大,又重复上述过程,整个过程就成为烘干与湿润、燃弧与熄弧间隙性交替的过程,表面泄漏电流具有跳变的特点。这样的过程可以持续几个小时而不发生整个绝缘子的全面闪络。

如果污秽严重或绝缘子泄漏距离较短,剩余湿润部分的电阻较小,流过干燥区中的局部电弧的电流较大,放电呈黄红色编织状,通道温度也增高到热游离程度,成为具有下降伏安特性的电弧放电。此时,通道所需场强变小,外施电压足以维持很长电弧燃烧而不熄灭。在合适条件下,电弧接通两极,形成表面闪络。

以上分析表明,沿脏污表面闪络的必要条件是局部电弧的产生,而流过污秽表面的泄漏电流足以维持一定程度的热游离是闪络的充分条件。因此,绝缘子污闪是绝缘子表面污层电导能力和电流流过污层引起的发热过程的联合作用。

3. 影响绝缘子污闪的因素

(1)作用电压

由于绝缘子表面干燥过程和局部电弧发展到全面闪络需要较长时间,因此,短时电压作用下,放电来不及发展。故在雷电冲击电压作用下,绝缘子表面污秽不会对闪络电压造成多大影响,和表面干燥时的闪络电压一致,但会降低绝缘子串的操作冲击闪络电压。电力系统的操作过电压不能烘干湿润的污层,但能在干燥带上"点火",引起局部电弧,促使绝缘子污闪。试验结果表明,脏污能使绝缘子的操作冲击闪络电压显著下降。例如,4 片 XP-7 绝缘子组成绝缘子串,表面清洁、淋雨时的操作冲击闪络电压约为 250kV,而表面脏污、受潮时的操作冲击闪络电压只有 77kV。

(2)湿润程度

干燥污秽的电阻很大,通常不会降低绝缘子闪络电压,但空气相对湿度超过 50%～70%时,随着湿度的增加,闪络电压迅速下降。雾、毛毛雨持续时间长、湿度大,对污闪极为有利。运行经验表明,绝缘子污闪都发生在雾、露、毛毛雨等高湿度天气,但是在大雨时,雨水流动、下滴,会冲掉绝缘子表面污秽,闪络电压反而升高。

(3)污秽程度

污秽程度对污闪电压的影响很大。绝缘表面积污量愈大,表面电导愈大,污闪电压愈低,特别是污秽中含有大量可溶性盐类或碱、酸的积污,使污闪电压降低更多。一些含可溶性盐类少且不粘附的积尘,只有严重污染时才有使绝缘子发生污闪的可能。运行中,这类污秽易被雨水冲掉,故对污闪电压影响较小。而一些粘附性强的积尘,如水泥厂的飞尘,不易清洗,使绝缘子表面粗糙,更易积污,对污闪电压影响较大。一般来说,绝缘子污秽闪络电压随污秽程度的增加而降低,但严重污染时,下降已很缓慢了。

为了防止绝缘子发生污闪,通常需采用以下措施:

①增加绝缘子片数或采用防污型绝缘子等,以增加绝缘子表面泄漏距离。

②定期清扫或更换绝缘子,制定合理的清扫周期。

③在绝缘子表面涂憎水性材料(如有机硅油、地蜡等),防止水膜连成一片,减小泄漏电流,提高污闪电压。

④采用半导体釉绝缘子,利用半导体釉层中的电流加热表面,使表面不易受潮,同时使闪络电压提高,但半导体釉层易老化。

⑤采用合成绝缘子。

（a）耐污型悬式玻璃绝缘子LXHP-240　　　　（b）棒型悬式复合绝缘子

图 1.25　各种形式绝缘子

4. 提高沿面放电电压的措施

（1）屏障的应用

从沿面放电产生的原因及过程可知,在固体介质上沿电场等电位面方向安放突出的棱边或伞裙(称为屏障),棱边缘与等位面平行,可以阻止带电质点在固体介质表面运动时从电场获得能量,从而阻止放电发展,增长闪络距离,提高闪络电压。同时,屏障可使绝缘子在雨天时保持一部分干燥表面,并可增大两电极间沿固体表面的泄漏距离,因此可有效提高湿闪电压和污闪电压。现代绝缘子主要是应用屏障的原理制造的。

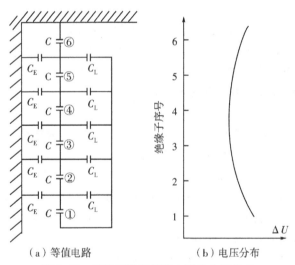

（a）等值电路　　　　　　　（b）电压分布

图 1.26　绝缘子串的等值电路及电压分布

（2）屏蔽的应用

改进电极形状可以改善电极附近电场,使沿固体介质表面的电位分布均匀,减小其最大电位梯度,也可以提高沿面闪络电压。电力系统中支撑高压配电装置和许多高压电器带电部分的支柱绝缘子,就是屏蔽的具体应用。高压架空线路上悬式绝缘子上的附加金具就是屏蔽的延伸。

输电线路绝缘子串在干燥情况下的等值电路如图 1.26(a)所示。由于绝缘子上的金属部分与接地铁塔或带电导体间有电容存在,使得绝缘子串电压分布不均匀。绝缘子串越长,电压分布就越不均匀。一般靠近高压侧的第一个绝缘子电压降最高,可能会发生电晕。盘式绝缘子的电晕起始电压为 $22\sim25\text{kV}$,在 220kV 及以上的线路中,绝缘子串就可能在工作电压下发生电晕。采用均压环,增加绝缘子对导线电容,可改善电压分布。虽有电晕,但在运行中绝缘子表面可能因电晕形成半导体薄膜,使第一片绝缘子上的电压有所下降,电压分布均匀一些。而悬式绝缘子开始工作时电压允许达到 $25\sim30\text{kV}$。因此,一般地区 220kV 及以下的输电线路绝缘子串都不采用均压环。但对超高压系统,绝缘子串很长,安装均压环可改善电压分布,且闪络前的电晕效果不够强,还能提高沿面闪络电压。因此 330kV 及以上的线路中必须安装均压环。

（3）表面处理

绝缘子表面受潮,会使其闪络电压大大降低,而受潮程度与介质的吸潮性有关。陶瓷、玻璃等介质,虽不吸水、不透水,但它们都是离子型电介质,具有较强的亲水性,易在表面形成完整的水膜,增大表面电导,劣化其绝缘性能;以纤维素为基础的有机绝缘物,具有很强的吸水性,受潮后绝缘性能大为恶化。在陶瓷、玻璃绝缘表面可以做憎水处理,使表面不易吸潮,即使受潮,也不易形成连续水膜;或采用含多种硅有机化合物的合成材料,因为它们具有较好的憎水性,机械强度好,直径可以较小,重量轻,体积小,具有很好的使用前途。

（4）应用半导体涂料

在法兰附近介质表面涂以半导体漆或釉,以减小该处的表面电阻,抑制沿面放电的发展。在高压电机绕组出槽处和电缆头接线盒处得到广泛的应用。

（5）阻抗调节

采用附加金具可使沿绝缘子的电压分布得到改善。根本的方法是适当调节单元绝缘子阻抗,使每个绝缘子本身的导纳大体相等,且远大于对地、对高压导线侧的导纳,这样沿绝缘子串的电压分布就比较均匀。

（6）应用合成绝缘子

合成绝缘子的结构如图 1.25（b）所示。它由芯棒、伞盘和护套、上下铁帽组成。芯棒采用环氧树脂玻璃纤维棒,具有较强的抗拉强度。伞盘和护套采用憎水性的有机绝缘材料,表面泄漏电流小,湿闪和污闪电压高。护套、伞盘均以黏接剂与芯棒黏接,使护套与芯棒的分界面不会出现气隙而闪络。

（7）加强绝缘

对线路绝缘子和棒形支柱绝缘子分别采用增加悬式绝缘子片数和增加伞数的办法,可增大爬电距离,提高闪络电压特别是污闪电压。近年来,国内还利用硅橡胶制成增爬裙,加装于各种绝缘子上,也有明显的防污效果。

1.8　液体和固体电介质的击穿机理

电力系统中使用的电介质材料除气体外,还有液体和固体。液体绝缘介质,除了作绝缘外,还常作载流导体或磁导体（铁芯）的冷却剂,在开关电器中可用作灭弧材料。固体电介质可作为载流导体的支撑或作为极间屏障,以提高气体或液体间隙的绝缘强度。因此,对液体、固体物质结构以及它们在电场作用下产生的物理现象进行研究,能使我们了解他们的电气性能和击穿机理及影响绝缘强度的因素,从而了解判断其绝缘老化或损坏程度,确定每种绝缘材料的使用寿命,合理地选择和使用绝缘材料。

1. 液体电介质的击穿机理

液体电介质的击穿有两种情况:

①对于纯净的液体电介质,其击穿强度很高。在高电场下发生击穿的机理有各种理论,主要有电击穿理论和气泡击穿理论。前者以液体分子由电子碰撞而发生游离为前提条件,后者则认为液体分子由电子碰撞而发生气泡,或在电场作用下因其他原因发生气泡,由气泡内气体放电而引起液体介质的热击穿。

(2)纯净液体电介质的击穿场强虽然很高,但其精制、提纯极为复杂,而且设备在制造及运输中难免产生杂质,所以工程上使用的液体电介质中总含有一些杂质,称为工程纯液体,他们在电场作用下发生的击穿主要是电击穿,可用小桥理论说明其击穿过程。例如,变压器油常因受潮而含有水分,并有从固体材料中脱落的纤维,这对油的击穿过程有很大影响。由于水和纤维的介电常数非常大,在电场作用下易极化,沿电场方向排列成杂质"小桥"。当小桥连接、贯穿到两极时,由于水分和纤维等的电导大,引起流过杂质小桥的泄漏电流增大,发热增多,促使水分汽化,形成气泡;即使是杂质小桥未连通两极,由于纤维的存在,可使纤维端部油中场强显著增高,高场强下油发生游离分解出气体形成气泡,而气体的 ε_r 最小,分担的电压最高,其击穿场强比油低得多。所以气泡首先发生游离放电,游离出的带电质点再撞击油分子,使油又分解出气体,气体体积膨胀,游离进一步发展;游离的气泡不断增大,在电场作用下容易排列成连通两极的气体小桥时,就可能在气泡通道中形成击穿。

目前最常用的液体电介质主要是从石油中提炼出来的矿物油,广泛地用在变压器、断路器、高压套管、电缆和电容器等设备中,分别称为变压器油、电容器油、电缆油等。由于矿物油的介电常数低,易老化,会燃烧,有爆炸危险,所以国内外正致力于研究将硅油、十二烷基苯等绝缘介质用于高压电力设备中,以提高液体电介质的击穿电压。

2. 影响液体电介质击穿的因素和改进措施

从小桥理论可以看出,液体电介质的击穿过程比较复杂,影响因素较多,各种影响因素的变动很大,击穿电压的分散性大。但多次实验表明,同一被试品的多次试验电压平均值和最小值仍较稳定。下面以变压器油为例来分析几种主要的影响因素。

(1)油品质的影响

由上述分析可以看出,液体电介质的击穿首先是由于液体中含有杂质,在电场作用下,杂质形成杂质小桥,使液体电介质的耐电强度下降。因此,液体中所含杂质成分及数量对液体介质中的击穿电压有显著影响。杂质的影响主要以水分,特别是含水纤维最为严重。

水分如果溶解于液体介质中,对击穿电压的影响不大。水分如果在液体中呈悬浮状态,则在电场作用下被拉长,有相当多的水分时,易形成小桥使击穿电压显著下降,在一定温度下,液体中只能含有一定量的水分,过多的水将沉于容器底部,因此水分增多,击穿电压下降是有限的。而当纤维吸收水分后,易形成小桥,对击穿电压的影响就特别明显,如图 1.27 和 1.28 所示。

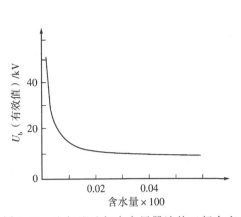

图 1.27　在标准油杯中变压器油的工频击穿电压和含水量的关系

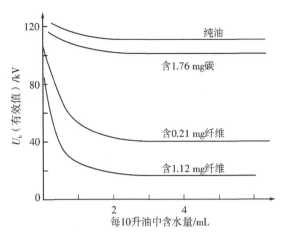

图 1.28　水分、杂质对变压器油击穿电压的影响

此外,还有放电所产生的碳粒和氧化所生成的残渣等,会使得电场变得不均匀,还可附着在固体表面上,降低沿面放电电压。油中溶解的气体一遇温度变化或搅动就易释出,形成气泡。这些气泡在较低的电压下可能游离,游离气泡的温度升高而蒸发,沿电场方向也易形成小桥,导致击穿电压下降。即使是溶解于液体中的气体,也会使液体逐渐氧化、老化,粘度降低。电场越均匀,杂质的影响越大,击穿电压的分散性也越大。在不均匀电场中,因为场强高处发生了局部放电,使液体产生了扰动,杂质不易形成小桥,其影响较小。

（2）温度的影响

液体电介质的击穿电压与温度的关系较复杂。受潮的油击穿电压随温度升高而上升,其原因是由于油中悬浮状态的水分随温度升高而转入溶解状态,以致受潮的变压器在温度较高时,击穿电压可能出现最大值。而当温度更高时,油中所含水分汽化增多,在油中产生大量气泡,击穿电压反而降低。干燥的油受温度影响较小。

（3）电压作用时间的影响

油的击穿电压与电压作用时间有关。由于油的击穿电压需要一定的时间,所以油间隙击穿电压会随所加电压时间的增加而下降。当电压作用时间较长时,油中杂质有足够的时间在间隙中形成杂质小桥,击穿电压下降。电压作用时间较短时,杂质小桥来不及形成小桥,击穿电压显著提高。作用时间愈短,击穿电压愈高。经长时间工作后,由于油劣化、脏污等原因,击穿电压缓慢下降,油不太脏时,1min 的击穿电压和长时间作用下的击穿电压相差不大,故变压器油做工频耐压试验时加压时间通常为 1min。

（4）电场均匀程度的影响

油的纯度较高时,改善电场的均匀程度能有效地提高工频或直流击穿电压,但在较脏的油中,杂质的积聚和排列已使电场畸变,电场均匀的好处并不明显。在受到冲击电压作用时,由于杂质小桥不易形成,则改善电场均匀程度能提高冲击击穿电压。

因此,考虑油浸式绝缘结构时,如在运行中能保持油的清洁,或绝缘结构主要承受冲击电压的作用,则尽可能使电场均匀;反之,绝缘结构如果长期承受运行电压的作用,或在运行中易劣化或老化,则可以使用不均匀电场,或采用其他措施来减小杂质的影响。

（5）压力的影响

工程用变压器油,当压力增大时,其工频击穿电压会随之升高,如图1.29所示。因为压力增加,气体在油中的溶解度增大,且气泡的起始放电电压也提高了。祛气后,压力的影响减小。由此可见,对液体介质的击穿电压影响最大的是杂质。因此,液体电介质中应尽可能除去杂质,提高并保持液体品质。通常通过标准油杯试验来检查油的品质。

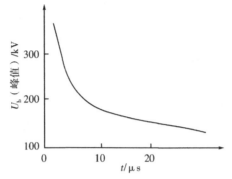

图1.29 变压器油工频击穿电压与压力的关系

3. 固体电介质的击穿

固体电介质的击穿可分为电击穿、热击穿和电化学击穿。

（1）固体电介质的击穿机理

①电击穿。

在强电场作用下,介质内的少量自由电子得到加速,产生碰撞游离,使介质中带电质点数目增多,导致击穿,这种击穿称为电击穿。其特点是:击穿过程极短,为 $10^{-6} \sim 10^{-8}$ s;击穿电压高,介质温度不高;击穿场强与电场均匀程度关系密切,与周围环境温度无关。

②热击穿。

当固体介质受到电压作用时,由于介质中发生损耗引起发热。当单位时间内介质发出的热量大于发散的热量时,介质的温度升高。而介质具有负的温度系数,这就使电流进一步增大,损耗发热也随之增大,最后温升过高,导致绝缘性能完全丧失,介质即被击穿。这种由于热的作用发生的击穿就称为热击穿。当绝缘原来存在局部缺陷时,则该处损耗增大,温度升高,击穿就易发生在这种绝缘局部弱点处。热击穿的特点是:击穿与环境有关,与电压作用时间有关,与电源频率有关,还与周围媒质的热传导、散热条件及介质本身导热系数、损耗、厚度等有关。击穿需要较长时间,击穿电压较低。

工程实际中为了使电介质在运行中降低热击穿事故,提高电介质的使用寿命,给不同材料组成的电介质按其发热量及耐热性能确定最高允许工作温度,并划分为七个耐热等级,如表1.1所示。

使用温度如超过表1.1中所规定的温度,则绝缘材料会迅速老化,寿命大大缩短。A级绝缘(油—屏障绝缘和油纸绝缘)温度若超过8℃,则寿命约缩短一半,这通常称为热老化的8℃规则。对其他各级绝缘有相应的温度,如B级绝缘(如大型电机中的云母制品)和H级绝缘(如干式变压器)则分别适用于10℃规则和12℃规则。

表 1.1　电介质的耐热等级

耐热等级	最高允许工作温度/℃	电 介 质
Y	90	未浸渍过的木材、纸、纸板、棉纤维、天然丝等及其组合物;聚乙烯、聚氯乙烯;天然橡胶
A	105	油性树脂漆及其漆包线;矿物油及浸入其中的纤维材料
E	120	酚醛树脂塑料;胶纸板;胶布板;聚酯薄膜及聚酯纤维;聚乙烯醇缩甲醛漆
B	130	沥青油漆制成的云母带、玻璃漆布、玻璃胶布板;聚酯漆;环氧树脂
F	155	聚酯亚胺漆及其漆包线;改性硅有机漆及其云母制品及玻璃漆布
H	180	聚酰胺酰亚胺漆及其漆包线;硅有机漆及其制品;硅橡胶及其玻璃布
C	>180	聚酰亚胺漆及薄膜;云母;陶瓷;玻璃及其纤维;聚四氟乙烯

③电化学击穿。

电气设备在运行了很长时间后,运行中绝缘受到电、热、化学、机械力作用,绝缘性能逐渐变坏,这一过程是不可逆的,此过程称为老化。使介质发生老化的原因是:局部过热,高电压下由于电极边缘,电极和绝缘接触处的气隙或者绝缘内部存在的气泡等处发生局部放电,放电过程中形成的氧化氮、臭氧对绝缘产生腐蚀作用;同时,游离产生的带电质点也将碰撞绝缘,造成破坏作用,这种作用对有机绝缘材料损伤特别严重;局部放电产生时,由于热的作用还会使局部电导和损耗增加,甚至引起局部烧焦现象,或介质不均匀及电场边缘场强集中引起局部过电压。以上过程可同时作用于介质,可使绝缘性能下降,以致绝缘层在工作电压下或短时过电压下发生击穿,此过程称为电化学击穿。

实际上,固体电介质的击穿往往不是单独发生的,而是上述三种击穿形式同时存在。

(2)影响固体电介质击穿的因素和改进措施

①电压作用时间。

外加电压作用时间对击穿电压的影响很大。电压作用时间越长,固体电介质中的外层电子吸收电场能量越多,游离程度提高,游离后的电子沿电场力快速运动碰撞几率增大,导致极板间的击穿电压较低。

②温度。

环境温度越高,固体电介质中的分子吸收外界热量后发生热游离,游离态的带电质点在电场力作用下加速向对面电极运动,形成击穿。周围环境温度越高,散热条件越差,热击穿电压就越低。即使同一材料,厚度越厚,散热越困难,在较低温度时就容易发生热击穿。

③电场均匀程度。

均匀致密的介质,在均匀电场中的击穿电压较高,且与介质厚度有直接关系;在热击穿的范围内,击穿电压随介质厚度增加而增加;在不均匀电场中,当厚度增加时,电场变得更不均匀,散热困难,可能出现热击穿。

④受潮。

固体电介质受潮后,水分会在电介质表面形成水分子膜,水分渗透进电介质内部,电介质的电导率和介质损耗迅速增大,击穿电压大幅度降低。对于不易吸潮的中性固体电介质,受潮后电压可下降一半左右,如聚乙烯、聚氯乙烯、聚四氟乙烯等;对容易吸潮的极性固体电介质,如棉纱、纤维、绝缘纸等物质,受潮后的击穿电压仅为干燥时的百分之几甚至更低。因此,高压电气设备在制造过程中要注意密闭防潮,去除绝缘中的水分,运行中的电气设备要注意防止水分进入绝缘内部,定期检查绝缘的受潮程度。

⑤累积效应。

因为电力系统中的电气设备大多数都是处于极不均匀电场中,当作用在电介质中的电压为幅值较低或作用时间较短的冲击电压时,会在固体电介质中形成局部损伤或放电痕迹等,每施加一次冲击电压就会在电介质增加一点损伤,缺陷向前发展一步。随着加压次数的增多,击穿电压会越来越低。这种情况就称为累积效应。

⑥机械负荷。

对于均匀致密的固体电介质,在其弹性限度内,其机械应力对击穿电压没有多大影响;固体电介质在使用时可能受到机械负荷的作用,使介质产生裂缝,其击穿电压显著降低;此外,有机固体电介质在运行中因热、化学等作用,可能变脆、开裂或松散,失去弹性,击穿电压、机械强度都要下降很多。

技能训练模块

技能训练测试项目一 空气的击穿放电试验

1. 测试目的

通过工频耐压测试装置,测试空气间隙的击穿电压和击穿场强。

2. 测试接线

在高压试验室里,利用高压发生器和两个铜球间隙及电压表、电流表和保护电阻等组成一个电路,用来做空气间隙的击穿放电试验。实验接线图如图1.30所示。图中T_1是调压器,T_2是升压变压器,V_1测量变压器一次侧电压,kV是千伏表,测量升压变压器输出的电压;电阻R_1、R_2分别是保护电阻和限流电阻,G是放电铜球间隙,可以通过调节游标卡尺以调节铜球间隙的距离。

3. 测试步骤及注意事项

①在试验前,应使用带有透明护套的多股软铜线组成的接地线连接在绝缘操作杆上,多股软铜线的截面不得小于$25mm^2$,软铜线的一端连接在绝缘操作杆头部的金属弯钩上,另一端与实验室的接地端可靠连接,实验人员手持绝缘操作杆,用绝缘操作杆头部的金属弯钩挂在放电球隙上对其进行充分放电,再验电,检查各试验设备的连接线是否完好,并检查仪器仪表接线是否可靠;调整好放电球隙的距离,并记录间隙距离。所有设备及接线检查无误后,将接地棒挪开。待人员全部撤出,将保护围栏的门关闭,任何人不得进入。

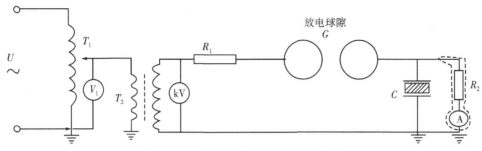

图 1.30 空气的击穿强度测试接线图

②接通电源,合闸,变压器控制台上的绿灯亮,表示电源已接通,按下"高压通"按钮,这时灯显示为红灯亮,手旋转调压器的手柄,进行升压。注意在试验中均匀调压。

③当看到保护球间隙有放电火花时,立即记下电压表的数值,此数据为间隙的起始放电电压。继续升压,直到间隙有非常持续的放电电弧出现,说明此时空气间隙已被击穿,迅速记下电压表和电流表的数值,即为击穿电压和击穿电流。由于间隙被击穿时极大的短路电流值使试验设备的保护装置快速跳闸。这时试验人员迅速将调压器手柄旋至零,关掉高压,拉下刀闸。在进去调节间隙距离前,必须先用接地棒将铜球间隙及导体部位放电,确保人身安全。

④连续调整三次间隙距离,每个距离下测量 3～6 次,确保试验数据的准确度。整理记录表格 1.2,计算出气体间隙的平均击穿电压和平均击穿场强。

表 1.2 气体的放电试验数据记录表

次数\顺序	间隙距离 d/mm			起始放电电压 U_0/kV			击穿电压 U_c/kV			击穿电流 /mA			击穿场强 E/kV/cm
	1	2	3	1	2	3	1	2	3	1	2	3	
1	0.5	1.0	1.5										
2	0.5	1.0	1.5										
3	0.5	1.0	1.5										
4	0.5	1.0	1.5										
5	0.5	1.0	1.5										

技能训练测试项目二 绝缘油的电气强度试验

1. 绝缘油的用途

在电力变压器、油断路器、电力电缆、电容器、互感器等高压电气设备中,为了保证绝缘间隙的高绝缘强度及气密性,大量地使用矿物绝缘油。绝缘油起着加强绝缘、冷却和灭弧的作用。用油浸渍的纤维性固体绝缘,能有效地防止潮气和水分的直接进入并填充固体绝缘中的空隙,显著地增强纤维性材料的绝缘。

2. 绝缘油电气强度测试的意义

在绝缘油测试项目中,经常进行的测试项目是绝缘油电气强度测试。影响绝缘油电气强度的主要因素是油中的水分和杂质。尤其是杂质,当它与高含量的溶解水结合时,耐压水平降低十分显著。因此,对于电气强度不合格的绝缘油不准注入电气设备,但经过祛气、除杂、干燥等程序祛除其含有的水分和杂质后,油的耐压水平就会提高很多而变成合格的绝缘油。

3. 测试目的

使用绝缘油介电强度测试仪,对纯净的变压器油、运行中的变压器油进行击穿电压测试,了解液体电介质的击穿电压大小与哪些因素有关。

4. 测试仪器

220V 单相交流电源、绝缘油介电强度测试仪、纯净的变压器油、运行中的变压器油、电缆油等。

5. 测试方法及步骤

(1)熟悉绝缘油电气强度测试仪的使用

油的电气强度试验方法较多,目前国内主要采用平板电极的方法。现在大多高压实验室采用新开发的绝缘油介电强度自动测试仪,如图 1.31 所示,型号/规格为 GC－2005/0～80kV。

电气强度试验是测量油杯中绝缘油的瞬时击穿电压值。试验接线如图 1.31 所示在绝缘油中放上一定形状的标准试验电极,在电极间加上 50Hz 电压,并以一定的速率逐渐升压,直至电极间的油隙击穿。该电压即为绝缘油的击穿电压(kV),记录下该电压,换算绝缘油的击穿强度(kV/cm)。试验电极用黄铜、青铜或不锈钢制成,平板电极的直径为 25mm、厚度为 4mm、倒角的半径 R 为 2mm。安置平板电极的油杯容量按规定为 200ml,油杯的杯体是由电工陶瓷、玻璃和有机合成材料(如环氧树脂、甲基丙烯酸甲酯等)制成,其几何尺寸应能保证从电极到杯壁和杯底的距离以及电极到油面的距离均应符合有关规定。两平行板电极必须平行,电极面应垂直。

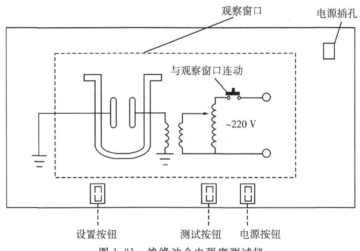

图 1.31　绝缘油介电强度测试仪

试验前应对电极和油杯用汽油、苯或四氯化碳洗净后烘干,洗涤时宜使用洁净的丝绢,不得用布和棉纱。经常使用的电极和油杯,只要在不使用时用清洁的油充满,并放于干燥防尘的干燥器中,使用前再用试油冲洗两次以上即可。电极表面有烧伤痕迹的不能再用。使用前应检查电极间的距离,使其恰为 2.5mm 的间距。油杯上要加玻璃盖或玻璃罩,试验应在 15～25℃、湿度不高于 75% 的条件下进行。

试油送到试验室后,应在不损坏原有密封的状态下放置一定时间,使油样接近环境温度。在倒油前应将油样容器缓慢地颠倒数次,使油混匀并尽可能不使油产生气泡,然后用试油将油杯和电极冲洗 2～3 次。再将试油沿杯壁徐徐注入油杯,盖上玻璃盖或玻璃罩,静置 10min。

按照要求将电源线接上,合闸前检查调压器是否在零位。调节调压器 TA 使电压从零升起,升压速度约 3kV/s,直至油隙击穿,并记录击穿电压值。这样重复 5 次。取平均值为测定值。

为了减少绝缘油击穿时产生碳粒,应将击穿时的电流限制在 5mA 左右。在每次击穿后应对电极间的油进行充分搅拌,并静置 5min 后再重复试验。

(2)测试步骤

①将仪表摆放平整,根据绝缘油介电强度自动测试仪的工作电压选择匹配的工作电源,并接入绝缘油介电强度自动测试仪。

②根据标准,检测击穿间隙的尺寸并设定绝缘油击穿次数。

③将已取油样顺试油杯壁缓慢注入杯中,放到仪器的 U 型支架上,迅速将仪器上盖盖住,静止放置 15～20min。

④插入电源,指示灯亮,按下电源按钮,红灯亮,高压接通,按下测试按钮,仪器开始自动测试,等待仪器自动测试 6 次后绿灯亮,表示测试工作已经完毕,读取并记录测试数据。

(3)试验数据记录和计算

次数	击穿电压/kV	击穿强度/kV·cm⁻¹	次数	击穿电压/kV	击穿强度/kV·cm⁻¹
1			4		
2			5		
3			6		

技能训练测试项目三　绝缘纸的击穿放电试验

1. 绝缘纸的用途

绝缘纸通常是由植物纤维、矿物纤维、合成纤维或其混合物,通过水或其他介质将纤维沉积在造纸机上而形成的薄页状材料。绝缘纸具有高的抗撕裂强度、伸长率小、绝缘性好,因此广泛用作电机、电缆、电容器和变压器中的绝缘材料。

绝缘纸的种类有浸渍绝缘纸、电力电缆纸、通讯电缆纸、半导体电缆纸、电话纸、电绝缘纸板、卷缠绝缘纸、电解电容器纸、电容器纸、皱纹电缆纸、聚酯复合绝缘纸、双层双密度干电解电容器纸、110～330kV 高压电缆纸、500kV 超高压电缆纸、瓷介电容专业卡纸、电池隔膜纸、H级电绝缘纸、电池隔膜原纸、自熄性浸渍绝缘纸、50kV 电器匝间绝缘纸、50kV 油纸套管绝缘纸、绝缘皱纹纸、未浸渍衬垫纸板等。

(1)NOMEX 绝缘纸

从化学角度来看,NOMEX 绝缘纸是一种芳香族聚酰胺,统称为芳族聚酰胺。该材料的分子结构特别用作电缆、线圈等各项电器设备的绝缘材料。由中间一层聚酰亚胺薄膜及其两面的 Nomex1 纸组成、耐热等级为 H 级(180℃)的柔软复合材料,具有良好的机械性能,如抗拉强度和边缘防撕裂性能以及良好的电气强度。其表面平滑,当生产低压电机使用自动下线机时,可确保无故障。主要用于高耐热性能电机的槽间,槽盖和相间绝缘,此外也可用作变压器或其他电器的层间绝缘。

NOMEX 绝缘纸由两种形式的芳香族聚酰胺的聚合物制成。细小的纤维状粘结颗粒——层析纤维是在很高的剪切作用下从聚合物上直接切下来的。这些颗粒与从纤维丝上切下的一定长度的短纤维混合在一起。短纤维及层析纤维两种组元在一种水基浆料中混合,再由专门的制纸机制成成连续的片状结构。刚从机器中出来的纸的密度较低,只具有中等的机械和电气性能。随后通过高温轧光来实现致密化及内部粘结。这样生产出来的 NOMEX 绝缘纸具有较高的机械强度、柔性和良好的电气性能,而且可以在较高的温度下保持其特性。

(2)tufQUIN TFT 复合材料

典型的用于 180℃(H)级的电机或发动机,做槽绝缘和槽间绝缘,也用于 200℃(N)级的干式变压器中,作为层间绝缘和接地绝缘。TFT 复合材料,是物体的电气性能、物理性能和热性能均衡的一个产品,通过绝缘材料性能的提升而提高设备工作的可靠性。

2. 绝缘纸的电气强度测试

绝缘纸电气强度测试目前主要用 DDJ－150kV 绝缘材料电气强度测试仪,如图 1.32 所示,主要适用于固体绝缘材料(如:塑料、橡胶、层压材料、薄膜、树脂、云母、陶瓷、玻璃、绝缘漆、绝缘纸等绝缘材料及绝缘件)在工频电压或直流电压下击穿强度和耐电压的测试。

本仪器由电脑控制,由数字集成电路系统与软件控制系统两大部分构成,使升压速率真正做到匀速、准确,并能够准确测出漏电电流的数据。本系统能够自动判别试样击穿并采集击穿电压数据及泄露电流,同时能够在击穿的瞬间电压迅速降低自动归零。

图 1.32　绝缘纸电气强度测试仪

3. 测试步骤

①对测试仪器高压端及外壳充分放电。

②打开盖板,将被测试绝缘纸夹在测试仪器的高压端,另一端接地。

③检查试验仪器的接地端是否牢靠。

④打开电源开关,启动升压按钮,看到绝缘纸被击穿,记录下击穿电压。

⑤依照上述方法连续做 5～6 次,记录数据填入下表。

⑥测试完成后,断开电源,对测试仪器外壳及高压端充分放电。

⑦根据测试数据,计算绝缘纸的击穿场强。

4. 测试数据记录

次数	击穿电压/kV	击穿强度/(kV/cm)	次数	击穿电压/kV	击穿强度/(kV/cm)
1			4		
2			5		
3			6		

作业与思考

1. 什么是电介质?电气设备中使用的电介质有哪些种类?

2. 在电力系统中,高电压环境下电介质中的分子会发生哪些变化?

3. "所有的电介质都不导电"这句话正确吗?请举例说明。

4. 什么是电介质的极化?电介质的极化形式有几种?

5. 电介质的电导的定义是什么?电介质的电导和金属导体的电导有什么区别?

6. 电介质在电流流过时内部会产生损耗,主要原因是什么?

7. 电介质从绝缘完全良好状态到击穿,经历了几个阶段?影响电介质使用寿命的因素主要有什么?

8. 沿面放电表明的是固体介质表面的气体在电场作用下发生的放电现象,为了提高绝缘子等介质表面的沿面闪络电压,一般采取哪些措施?

9. 伏秒特性的定义是什么?在电力系统防雷设备中,设计和安装防雷设备和被保护设备的原则是什么?

10. 在电力变压器、高压电缆、互感器、油断路器中增加绝缘油的目的是什么?

11. 在极不均匀电场中的电晕放电是一种自持放电现象,在电力线路中如何消除电晕放电,提高输电线路的击穿电压?

项目二 高压电气设备试验方法

【项目描述】

对高压电气设备绝缘进行常规的绝缘试验,掌握绝缘试验方法,掌握气体、液体、固体电介质的绝缘强度试验。随着超高压和特高压电网的不断发展,对电气设备内绝缘与外绝缘的耐电等级要求越来越高。因此,要寻找耐电强度和耐热等级更高的绝缘材料,必须通过试验的方法对各种电介质的绝缘强度进行测试。本项目主要要求学生掌握高压电气设备绝缘测试的项目方法及测试接线过程,各种电气设备绝缘的绝缘试验仪器及方法,根据测试结果对绝缘状况进行分析判断。懂得验电、接地等安全措施的重要性。

【学习目标】

1. 了解高电压试验的危险性,掌握试验中的安全防护措施,牢记验电接地的重要性;

2. 掌握绝缘电阻、吸收比的测试方法及使用仪器;

3. 掌握直流泄漏电流和直流耐压试验的测试方法及仪器使用;

4. 掌握介质损耗角正切值 $\tan\delta$ 的测试原理及介损仪的正确使用;

5. 掌握交流耐压试验的测试原理,会使用工频耐压试验控制箱和试验变压器对电气设备绝缘进行耐压测试。

【知识储备】

2.1 高压电气试验安全规程摘编

1. 交接性绝缘试验总则

①进行绝缘试验时,除制造厂装配的成套设备外,宜将连接在一起的各种设备分离开来单独试验。同一试验标准的设备可以连在一起试验。为便于现场试验工作,已有出厂试验记录的同一电压等级不同试验标准的电气设备,在单独试验有困难时,也可以连在一起进行试验。试验标准应采用连接的各种设备中的最低标准。

②交流耐压试验时加至时延标准电压后的持续时间,无特殊说明时,应为 1min。

③油浸式变压器及电抗器的绝缘试验应在充满合格油,静置一定时间,待气泡消除后方可进行。

④本标准中规定的常温范围是 10～40℃。

⑤对电气设备绝缘电阻的测量,应使用 60s 的绝缘电阻值;吸收比的测量应使用 60s 与 15s 绝缘电阻值的比值;极化指数应为 10min 与 1min 的绝缘电阻值的比值。

⑥多绕组设备进行绝缘试验时,非被试绕组应予短路接地。

⑦测量绝缘电阻时,采用兆欧表的电压等级,在本标准中未作特殊规定时,应按下列规定执行:

- 100V 以下的电气设备或回路,采用 250V 50MΩ 及以上兆欧表;
- 500V 以下至 100V 的电气设备或回路,采用 500V 100MΩ 及以上兆欧表;
- 3000V 以下至 500V 的电气设备或回路,采用 1000V 2000MΩ 及以上兆欧表;

- 10000V 以下至 3000V 的电气设备或回路,采用 2500V 10000MΩ 及以上兆欧表;
- 10000V 级以上的电气设备或回路,采用 2500V 或 5000V 10000MΩ 及以上兆欧表。
- 用于极化指数测量时,兆欧表短路电流不应低于 2mA。

⑧本书的高压电气试验方法,应按国家现行标准《高电压试验技术》中第一部分的一般试验要求(GB/T16927.1)、《高电压试验技术》中第二部分的测量系统(GB/T16927.2)、《现场绝缘试验实施导则》DL/T474.1～5 及相关设备标准的规定进行。

⑨本书中所讲的高压电气设备试验方法,按照中华人民共和国国家标准 GB50150—2006《电气装置安装工程电气设备交接试验标准》及中华人民共和国电力行业标准《电力设备预防性试验规程》DL/T596—1996 两个国家标准及行业标准执行。书中所讲到的仪器使用方法,按照武汉高压试验所所生产制造的特定高压试验仪器使用说明书及试验操作进行介绍。

2. 预防性试验规程总则摘录

①为了发现运行中设备的隐患,预防发生事故或设备损坏,对设备进行的检查、试验或监测,也包括取油样或气样进行的试验。

②试验结果应与该设备历次试验结果相比较,与同类设备试验结果相比较,参照相关的试验结果,根据变化规律和趋势,进行全面分析后作出判断。

③110kV 以下的电力设备,应按规程要求进行耐压试验。110kV 及以上的电力设备,在必要时应进行耐压试验。

④50Hz 交流耐压试验,加至试验电压后的持续时间,凡无特殊说明者,均为 1min;其他耐压试验的试验电压施加时间在有关设备的试验要求中规定。

⑤进行耐压试验时,应尽量将连在一起的各种设备分离开来单独试验,但同一试验电压的设备可以连在一起进行试验。

⑥在进行与温度和湿度有关的各种试验时(如测量直流电阻、绝缘电阻、tanδ、泄漏电流等),应同时测量被试品的温度和周围空气的温度和湿度。

⑦进行绝缘试验时,被试品温度不应低于 +5℃,户外试验应在良好的天气进行,且空气相对湿度一般不高于 80%。

⑧在进行直流高压试验时,应采用负极性接线。

2.2　绝缘电阻、吸收比试验

1. 绝缘电阻、吸收比的概念

(1)绝缘电阻

绝缘电阻是指在绝缘体的临界电压以下施加的直流电压 U_- 时,测量其所含的离子沿电场方向移动形成的导电电流 I_g,应用欧姆定律确定的比值。即

$$R_j = \frac{U_-}{I_g} \tag{2.1}$$

按照电介质的等值电路,在电气设备绝缘体上施加直流电压 U 后,流过绝缘体的电流 i 要经过一个过渡过程才达到稳态值,因此绝缘电阻 U/i 也要经过一定的时间才能稳定值,通常规定加压 60s 时所测得的数值即为被试绝缘体的绝缘电阻。现场一般采用兆欧表进行测量。

（2）吸收比

绝缘电阻试验是电气设备试验中一项最简单、最常用的试验方法。当电气设备绝缘受潮、表面变脏、留有表面放电或击穿痕迹时，其绝缘电阻值会显著下降。绝缘电阻的过渡过程主要由绝缘的吸收电流所引起，可用吸收比来表示。吸收比是指被试品加压 60s 时的绝缘电阻 R_{60s} 和加压 15s 时的绝缘电阻 R_{15s} 之比，吸收比用 K 来表示。即

$$K = \frac{R_{60s}}{R_{15s}} \tag{2.2}$$

吸收比可以用来反映绝缘的状况。当绝缘中存在贯穿性的导电通道或是严重受潮时，绝缘电阻达到稳态时所需的时间大大缩短，稳态值也低，此时吸收比接近于 1。当被试品绝缘良好时存在明显的吸收现象，绝缘电阻达到稳态时所需的时间较长，稳态绝缘电阻值也高，此时吸收比远远大于 1。因此，只有吸收比 $K \geqslant 1.3$ 的绝缘，可以判断其绝缘内部无缺陷或没有受潮。

（3）兆欧表的工作原理及接线

常用的兆欧表有手摇式、电动式和数字式几种。手摇式兆欧表使用极普遍。现将手摇式兆欧表的工作原理介绍如下。如图 2.1 所示，图中 R_A、R_V 分别为与流比计电流线圈 L_A 和电压线圈 L_V 相串联的固定电阻。手摇式兆欧表实际上就是一个手摇发电机，手摇发电机的摇柄与转轴连接，电压线圈和电流线圈同轴固定在发电机的转轴上。转动摇柄，由于线圈切割磁力线，产生的感应电压经整流后加到两个并联支路（电压回路和电流回路）上。由于磁电系流比计处于不均匀磁场中，因此两个线圈所受的力与线圈在磁场中的位置有关。两个线圈绕制的方向不同，使流经两线圈中的电流在同一磁场中会产生不同方向的转动力矩。由于力矩差的作用，使可动部分旋转，两个线圈所受的力也随着改变，一直旋转到转动力矩与反力矩平衡时为止。指针的偏转角 α 与并联电路中电流的比值有关，即

$$\alpha = f\left(\frac{I_1}{I_2}\right) \tag{2.3}$$

式中，I_2——流过电流线圈 L_A 的电流；

I_2——流过电压线圈 L_V 的电流。

因为并联支路电流的分配与其电阻值成反比，所以偏转角的大小就反映了被测绝缘电阻值的大小。

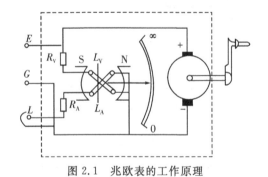

图 2.1　兆欧表的工作原理

2. 测试项目

（1）测试绝缘电阻

测试时,按"标准"规定使用兆欧表,依次测量各绕组对地及绕组间的绝缘电阻。被测绕组引线端短接,非被试绕组引线端均短路接地。

测量绝缘电阻时,非被试绕组短路接地,可以测试出被测绕组对地和非被测绕组间的绝缘状态,也能防止非被测绕组中的残余电荷放电。对测量结果产生影响。因此,测试前应将被试绕组短路接地,使其充分放电。

测得的绝缘电阻值,以各绕组历次测量结果相互比较进行判断。交接性试验时,一般要求不应低于出厂试验值的70%(换算到相同温度下)。

表 2.1　油浸式电力变压器绕组绝缘电阻的标准值　　　　　　　　单位:MΩ

温度/℃		10	20	30	40	50	60	70	80
高压绕组额定电压/kV	3～10	450	300	200	130	90	60	40	25
	20～35	600	400	270	180	120	80	50	35
	60～220	1200	800	540	360	210	160	100	75

比较绝缘电阻值时必须换算到同一温度下。由运行经验可知,温度每下降10℃,绝缘电阻值约增加1.5倍。据此,可以对不同绕组在同一温度下的绝缘电阻值进行比较,也可以对同一绕组历年绝缘电阻测试时换算到同一温度下的历史数据进行比较,来判断绝缘老化的趋势。

(2)测试吸收比

吸收比是指用兆欧表对变压器绝缘加压时间为60s和15s时,测得的绝缘电阻的比值,即 $K=\dfrac{R_{60}}{R_{15}}$。吸收比对反映绝缘是否受潮非常灵敏。对于绝缘干燥、无集中性缺陷的电介质来说,通电后,绝缘内部吸收现象比较明显,因此15s时的绝缘电阻值 R_{15} 远远低于60s时的绝缘电阻值 R_{60},所以吸收比 K 远远大于1。如果绝缘受潮或内部有裂缝或贯穿性通道时,则泄漏电流会突然增大,因此绝缘电阻值较低,兆欧表指针在15s和60s时变化不大,所以吸收比 K 接近于1。因此,若被试品绝缘的吸收比 $K \geqslant 1.3$,则认为绝缘干燥或无缺陷;若吸收比 $K<1.3$ 或 K 接近于1,则可判断绝缘严重受潮或有集中性缺陷,不能继续使用。

3. 测试方法

①断开被试物的电源,将被试物接地放电,放电时间不得小于1min;电容量较大的被试物放电时间不得小于2min。

②拆除被试物一切对外连线,并用干燥清洁的软布,擦去被试物表面的污垢。

③将兆欧表放在水平位置,检查兆欧表的性能,在额定转速下120r/min(现在多采用数字式兆欧表),指针应指向"∞"(数字式兆欧表显示1),然后将兆欧表的火线"L"与地线"E"短时搭接一下,指针应指零。

④将被试物接地线接于兆欧表的"E"柱上,被试物引出线接于"L"柱上。如果被试物表面有可能产生较大泄露电流时,应加屏蔽,屏蔽线接于兆欧表的"G"柱上。

⑤以恒定转速转动手柄,兆欧表指针逐渐上升(数字式兆欧表按测量键),待1min后,记录其绝缘电阻值。做吸收比试验时,还应读取15s时绝缘电阻值。

⑥断开"L"柱接线,停止转动兆欧表,为了能在计时开始时即给被试物加上全部电压,以及为了防止测试结束时被试物电荷反馈损坏兆欧表,"L"柱引出线应加装一个绝缘良好的刀

闸开关,以便随时开合。

⑦试验完毕或重复试验时必须将被试物对地充分放电。

⑧记录环境温度、被试物温度和气候情况。

图 2.2　2500V 的兆欧表

4. 注意事项及结果判断

(1)注意事项

· 兆欧表"L"柱与"E"柱引线不要靠在一起;如引线须经其他支持物和被测连接时,该支持物必须绝缘良好,否则影响测量的准确性。

· 兆欧表手摇转速应尽量均匀,保持额定值,一般不得低于额定转速的 80%。

· 绝缘电阻试验一般在被试物周围空气温度不低于 5℃ 时进行。

· 绝缘电阻值受温度的影响而变化,为了正确地比较和判断,需将不同温度下测量的绝缘电阻值换算到同一温度下进行比较,即

$$R_{T2} = KR_{T1}$$

式中,R_{T2}——换算到温度为 T_2 时的绝缘电阻值(MΩ);

R_{T1}——温度为 T_1 时的绝缘电阻值(MΩ);

K——温度换算系数。

一般将不同温度下测出的绝缘电阻值均换算至 20℃ 时进行比较。

①应选用合适电压等级的兆欧表。常用的兆欧表的额定电压有 500、1000V 及 2500V、5000V 等几种。

②测量前要断开被试品的电源及被试品与其他设备的连线,并对被试品进行充分的放电。

③读取数值后,应先断开兆欧表与被试品的连线,然后再将兆欧表停止运转,以免被试品的电容上所存的电荷经兆欧表放电而损坏兆欧表。

④测量时应记录当时的环境温度、变压器等的顶层油温,以便进行温度换算。温度对绝缘电阻和吸收比都有较大的影响。温度升高时,绝缘电阻值显著降低,吸收比也下降。不同温度下测得的值必须换算到同一温度下才能进行比较。

(2)测试结果判断

①新装电力变压器,如果测试的绝缘电阻值低于表中所列数值,判明绝缘受潮或有局部缺陷。

②电力变压器的吸收比,电压等级在 110kV 及以上的变压器要求不低于 1.3,35～60kV 级的则要求不低于 1.2,10kV 及以下等级的不做具体规定。对于进口的 35～110kV 等级的电力变压器,由于材质及工艺的不同,吸收比往往低于以上要求,但其绝缘电阻值较高,故吸收

比可不作为判断绝缘状况的依据。

③高压断路器的绝缘电阻试验,实际上测试的是支持瓷套的绝缘电阻值,故一般数值较高。断路器在合闸和分闸两种状态下分别测量套管引出线对外壳的绝缘电阻,可判断绝缘提升杆受潮情况,如果两次测试值接近,则说明绝缘良好;如提升杆受潮,则分闸时所测数值比合闸时高数倍。

④测量电力电缆的绝缘电阻,应注意避免表面泄漏所引起的测量误差。

由于电力电缆长度不同,绝缘电阻值也不相同。在对电力电缆进行直流耐压试验前后均应测试绝缘电阻,两次测量应无明显变化。

2.3　泄漏电流和直流耐压测试

1. 泄漏电流测试原理

泄漏电流的测量原理与绝缘电阻的测量在原理上是相同的,区别在于绝缘电阻测试时采用兆欧表电压较低,而测量泄漏电流时所用的直流电压较高,能发现一些用兆欧表测量时不能发现的绝缘缺陷,如集中性缺陷等。

由于测试泄漏电流时要给被试绝缘施加较高的直流电压,在试验室采用两种方式获得直流高电压:一种是采用直流高压发生器,将直流高压发生器与微安表和被试品串联,被试品的另一端接地;另一种是采用工频试验变压器,将试验变压器高压端的短路杆拔出,其他接线与做工频耐压试验的接线完全相同,就可以进行被试绝缘的直流泄漏电流和直流耐压测试了。

直流泄漏电流的测试原理如下:

当直流电压加于被试设备时,其充电电流(几何电流和吸收电流)随时间的增加而逐渐衰减至零,而泄漏电流保持不变。故微安表在加压一定时间后其指示数值趋于恒定,此时读数等于或接近于漏导电流即泄漏电流。对于良好的绝缘,其泄漏电流与外加电压的关系曲线应为一直线。但是实际上的泄漏电流与外加电压的关系曲线仅在一定的电压范围内才是近似直线,若超过此范围后,离子活动加剧,此时电流的增加要比电压增加快得多。如果电压继续增加,则电流将急剧增长,产生更多的损耗,以致绝缘被破坏,发生击穿。

将直流电压加到绝缘体上时,其泄漏电流是不衰减的,在加压到一定时间后,微安表的读数就等于泄漏电流值。绝缘良好时,泄漏电流和电压的关系几乎呈一条直线,且上升较小;绝缘受潮后,泄漏电流则上升较大;当绝缘体有贯通性缺陷时,泄漏电流将猛增,和电压的关系就不是呈直线状了。因此,通过测试泄漏电流与外加直流电压之间的关系曲线变化就可以判断绝缘状况。

测量泄漏电流与绝缘电阻测试相比有它的特点:

①试验电压高,可随意调节。

②泄漏电流可由微安表随时监视,灵敏度高。

③根据泄漏电流测试结果以及所加的电压可以直接换算出绝缘电阻值,而用兆欧表测量的绝缘电阻值则不能换算出泄漏电流值。

2. 直流耐压测试

直流耐压测试与直流泄漏电流测试的原理、接线及方法完全相同,差别在于直流耐压试验的试验电压较高,所以它能发现除设备受潮、劣化外,对发现绝缘的某些局部缺陷具有特殊的作用,而往往这些局部缺陷在交流耐压试验中是不能被发现的。

(1)测试方法及步骤

测试工作宜由两人进行,一人负责操作高压发生器,一人负责监护并记录试验结果。

测试接线图如图 2.3 所示。

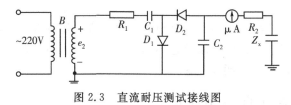

图 2.3　直流耐压测试接线图

①检查直流高压发生器的调压器是否在零位,微安表应在最大量程上。

②对高压发生器进行空载试验,记录空载时高压发生器本身的泄漏电流值。退回调压器旋钮,断开电源,发生器高压对地放电。

③将发生器与被试物正式连接。接线检查正确后,合上电源,调节试验电压值徐徐上升,如需要泄漏电流曲线时,则在各级电压值下停顿 1min,记录泄漏电流值。升至额定试验电压后,按要求持续一定时间,并记录下泄漏电流值,然后迅速、均匀地退回调压器旋钮,切断电源,并用放电棒对被试物接地放电。

④当需要进行改接线作业时,接地线要始终接在高压发生器高压出线端,以保证人身安全。改接线完毕再次试验时,必须注意将接地线从高压出线端移开。

⑤将记录下的泄漏电流值减去发生器空载时的泄漏电流值,即为被试电气设备的泄漏电流值。

(2)试验注意事项

①能够分相试验的设备,必须分相试验,以便将各相试验的结果进行比较。

②连接被试物的导线,应尽量缩短,并要绝缘良好,距地要有足够的距离,以减少杂散电流的影响。

③被试物表面情况(如受潮、脏污等)对泄漏电流有很大影响,因此试验前应擦拭干净。

④温度对试验结果的影响是很显著的,为了便于比较,可将不同温度下测试出的结果均换算到同一温度值时进行比较。

换算公式为:

$$I_{75} = I_t e^{a(75-t)}$$

式中,t——试验时被试物的温度;

　　　I_t——温度 t 时测得的泄漏电流值;

　　　I_{75}——75℃时泄漏电流值;

　　　α——0.05～0.06/℃;

　　　e——自然对数的底,其值为 2.718。

⑤试验宜放在被试物温度为 30～80℃时进行。一般被试电气设备均在这一温度范围内运行,同时在这个范围内,由于绝缘缺陷而引起的泄漏电流变化明显,试验容易得到正确的结果。

⑥试验电压的确定。

进行直流耐压试验时,外施电压的数值通常应参考被试绝缘的交流耐压试验电压和交流、直流下击穿电压之比。

⑦试验电压的极性。

由前述知识可知,在不同电极形状的空气间隙中,气体放电的起始电压和击穿电压各不相同,也就是极性效应。由于极性效应,负棒—正板电极的火花放电电压是正棒—负板间隙火花放电电压的两倍多(间隙距离完全相同)。而电力设备的绝缘分为内绝缘和外绝缘,外绝缘对地之间电场大多数都近似成棒—板间隙或极不均匀电场间隙,为了保证电气设备外绝缘不会在较低电压下发生火花放电而击穿,损坏设备,一般在设计制造时电力设备的外绝缘水平比其内绝缘水平高。因此,施加负极性试验电压外绝缘更不容易发生闪络,这有利于实现直流耐压试验检查内绝缘缺陷的目的。直流耐压试验的时间可比交流耐压试验时间长些。

(3)试验结果判断

①电力变压器泄漏电流值在交接试验标准中未作具体规定。如有出厂测试数据,可与之比较且不应有较大变化,如无出厂测试数据,可参照预防性试验标准中的有关规定执行。如果实际测量值较出厂测量值或参考值大出较多,则应对变压器本体、变压器套管等进行试验和检查。

②电力电缆要进行直流耐压和泄漏电流两种试验。直流耐压试验主要检查电缆是否有机械损伤、接头及终端头的制作工艺水平等,直接表现为电击穿,泄漏电流值增至很大。泄漏电流试验主要是检查电缆绝缘有无劣化,是否受潮等。

③电力电缆的泄漏电流值在交接试验标准中无具体规定,根据电力电缆绝缘状态判断其能否投入运行,应以直流耐压试验为准,泄漏电流值只作为判断绝缘状况的参考。但当泄漏电流有以下情况之一时,则检查电缆是否存在缺陷,即

- 泄漏电流值随加压时间而增大;
- 泄漏电流周期性摆动;
- 泄漏电流值与试验电压不成比例地急剧上升;
- 多芯电缆相与相之间的泄漏电流差值很大,即不平衡系数大于2。

④氧化锌避雷器的泄漏电流值是指先测试避雷器在直流电流为1mA时的直流电压值,75％该电压下的直流电流值即为该避雷器的泄漏电流值。

⑤泄漏电流试验影响结果判断的最主要因素是杂散电流。为了减少影响,在试验中应采取一些必要措施,如高压引线与接地部分的距离尽量加大,高压引线采用直径大的绝缘线,采用高压侧电流测量的方式,微安表至被试物采用屏蔽导线连接等。

表2.2　塑料绝缘电缆直流耐压试验电压标准

电缆额定电压 U_0/kV	1.8	6	21	26
直流试验电压/kV	7.2	24	84	104
试验时间/min	15	15	15	15

2.4　电气设备介质损失角正切值 $\tan\delta$ 试验

1. 介质损耗正切值的概念及测试意义

电介质就是绝缘材料,它的作用是将电气设备和用电设备的金属部分与外界或人体隔绝

开来,防止设备漏电或人体触电。基于它的作用,人们首先想到电介质不导电。那为什么要测量电介的损耗呢?这似乎很矛盾。人们希望绝缘材料的绝缘强度越高越好,即它的绝缘电阻越大越好,泄漏电流越小越好。但是在实际工业生产中,绝对不导电的物质是不存在的。任何绝缘材料在电压作用下,总会流过一定的电流电介质外层都会发热,所以都有能量损耗。把在电压作用下电介质中产生的一切损耗称为介质损耗或介质损失。

如果电介质的损耗很大,电介质内部电导、分子离解时的热运动加剧会使电介质温度升高,加快电介质的老化速度,最终使电介质发生物理和化学变化而变硬、变脆、分子间大量电荷的离解使分子结构松散,出现缝隙或小孔。如果电介质温度不断上升,甚至会把电介质熔化、烧焦,丧失绝缘能力,导致热击穿。因此电介质损耗大小是衡量绝缘介质电性能的一项重要指标。

由电介质的等值电路知道,在外加交流电压作用下,电介质由于表面电导和体积电导的存在,介质就会流过电流,而电介质的极化和电导过程都会产生能量损耗,这种损耗就称为电介质损耗。介质损耗增大时,就会使电介质温度升高绝缘发生老化,甚至导致热击穿。

当电介质加上交流电压时,可以把电介质看成一个电阻和电容串并联组成的等值电路。根据等值电路作出电流和电压的相量图。

由相量图可知,介质损耗由 $\dot{I}_R$ 产生,夹角 δ 越大,$\dot{I}_R$ 就越大,故称 δ 为介质损失角,其正切值为

$$\tan\delta = \frac{I_R}{I_C} = \frac{U/R}{U/\omega C} = \frac{1}{\omega CR} \tag{2.4}$$

介质损耗为

$$P = \frac{U^2}{R} = U^2 \omega C \tan\delta \tag{2.5}$$

由式(2.5)可见,当 U、ω、C 一定时,P 正比于 $\tan\delta$,所以用 $\tan\delta$ 可以反映出电介质的损耗。

2. 介质损耗角正切值 $\tan\delta$ 测量原理及测量方法

介质损失角正切值的测量方法很多,从原理来分,可分为平衡测量法和角差测量法两类。传统的测量方法为平衡测量法,即高压西林电桥法。由于目前计算机技术和检测技术的不断发展,现在很多厂家已经生产出数字化介质损耗测试仪。目前试验室采用的是数字式介质损耗测试仪。

数字式全自动介损测试仪使用方便,测量数据人为影响较小,测量精度和可靠性都比以前的 QSI 等电桥高。

(1)数字式介质损耗测试仪的测量原理

数字式介损测试仪的基本测量原理为矢量点压法,即利用两个高精度电流传感器,把流过标准电容器 C_N 和被试品 C_X 的电流信号 i_N 和 i_X 转换为适合计算机测量的电压信号 U_N 和 U_X,然后经过由 A/D 转换器将模拟量信号转换为数字量信号,通过一系列数学运算,确定信号主频并进行数字滤波,分别求出这两个电压信号的实部和虚部分量,从而得到被测电流信号 i_X 和 i_N 的基波分量及其矢量夹角 δ。由于 C_N 为无损标准电容器,且其电容量 C_N 已知,故可方便地求出被试品的电容量 C_X 和介质损耗角 $\tan\delta$ 等参数。具体功能及参数见 GD500 - 1 型异频全自动介质损耗测试仪产品说明书。

（2）测试接线

数字式自动介损测量仪为一体化设计结构，使用时把试验电源输出端用专用高压双屏蔽电缆与被试品的高电位端相连，把测量输入端（分为"不接地试品"和"接地试品"两个输入端）用专用低压屏蔽电缆与被试品的低电位端相连，即可实现对不接地试品或接地试品（以及具有保护的接地试品）的电容量及介质损耗值进行测量。现以单相双绕组变压器的测试为例。

正接法测试接线：测量高压绕组对低压绕组的电容 C_{H-L} 时，按照测试仪使用说明书中所述方式连接试验回路，低压测量信号 I_X 应与测试仪的"不接地试品"输入端相连。

反接法测试接线：测量高压绕组对低压绕组及地的电容 $C_{H-L}+C_{H-G}$ 时，应按照使用书中所述方式连接回路，低压测量信号 I_X 应与测试仪的"接地试品"输入端相连。

2.5 交流耐压试验

工频交流耐压试验是考验被试品绝缘承受各种过电压能力的有效方法，以保证设备安全运行。交流耐压试验的电压、波形、频率和在被试品绝缘内部电压的分布，均符合在交流电压下运行的实际情况，因此能有效地发现绝缘缺陷。交流耐压试验应在被试品的绝缘电阻及吸收比测量、直流泄漏电流测量及介质损失角正切值 $\tan\delta$ 测量均合格之后才能进行。如在这些非破坏性试验中已查明绝缘有缺陷，则应设法消除，并重新试验合格后才能进行交流耐压试验，以免造成不必要的损坏。

交流耐压试验对于固体有机绝缘来说属于破坏性试验，它会使元件存在的绝缘弱点进一步发展，使绝缘强度逐渐降低，形成绝缘内部劣化的累积效应。因此，为了试验中的安全，必须正确地选择试验电压标准和耐压时间。试验电压越高，发现绝缘缺陷的有效性越高，但是被试品被击穿的可能性越大，累积效应越严重。相反地，试验电压越低，发现不了绝缘的潜伏性缺陷，不能真实地反映出电气设备绝缘真实的耐压水平和耐压值，绝缘在运行中击穿的可能性越大。

交流耐压试验为重要试验项目，试验中应特别注意人身安全，因此，进行此项试验时，应至少有三人参加：一人为升压操作人，一人为安全监护人，一人为防护员。

1. 试验原理

要获得比被试设备绝缘耐压值高几倍的电压值，如何在试验室中实现呢？目前做交流耐压试验采用的基本设备是工频试验变压器。按被试品的额定工作电压和额定容量选择合适的测试设备。图 2.4 所示是交流耐压试验使用的成套设备。

工频耐压试验装置由两大部分组成：工频耐压试验控制箱和试验变压器。试验回路中的熔断器、电磁开关和过流继电器，都是为保证在试验回路发生短路和被试品击穿时，能迅速可靠地切断电源；电压互感器是用来测量被试品上的电压；毫安表和电压表是用来测量及监视试验过程中的电流和电压。

高压试验变压器的特点：高压试验变压器具有电压高、容量小（高压绕组电流一般为 0.1～1A）、持续工作时间短、绝缘层厚、通常高压绕组一端接地。因此在使用中需考虑这些特点，正确选择。

（1）电压的选择

根据被试品对试验电压的要求，选用电压合适的试验变压器，还应考虑试验变压器低压侧电压是否和试验现场的电源电压及调压器相符合。

（2）试验电流的选择

试验变压器的额定电流应能满足流过被试品的电容电流和泄漏电流的要求，一般按试验

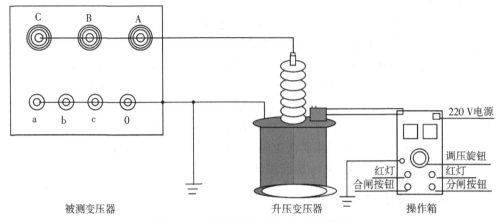

图 2.4　工频交流耐压试验测试接线图

时所加的电压和被试品的电容量来计算所需的试验电流,其计算式为

$$I_C = \omega C_X U_T \tag{2.6}$$

式中,I_C——试验时被试品的电容电流(mA);

ω——电源角频率;

C_X——被试品的电容量(μF);

U_T——试验电压(kV)。

试验所需电源容量,按下式计算,即

$$P = \omega C_X U_T^2 \times 10^{-3} \tag{2.7}$$

　　试验前一定要先检查被试品是否充分放电,因为大多数的电气绝缘是容性的,而且由之前所学可知,电介质的等值电路是由电阻和电容的串联和并联回路组成的,电阻表现为电介质的绝缘电阻,电容表现为电介质内部吸收电荷。因此,试验中所加电压不断升高,被试品内部储存的电荷数也会越来越高,使电介质内部的充电电压也越来越高,当试验结束时,必须要用绝缘接地杆快速放电,由于电容量大的电气绝缘,放电时间也很缓慢,所以到下次作试验前必须还要进行挂接地线、验电等操作。

　　做交流耐压试验的绝缘材料大多数是容性负载,如果被试品的电容量较大时,电容电流在试验变压器的漏抗上会产生较大的压降。由于被试品上的电压与试验变压器漏抗上的电压相位相反,有可能因电容电压升高而使被试品上的电压比试验变压器的输出电压还高,因此要求在被试品上直接测量电压。

　　试验接线时一定要注意:为了试验安全,整个试验装置和被试品必须三点接地,即工频试验控制箱的接地端、试验变压器的接地端和被试品的接地端必须可靠接地,与试验室的接地网连接起来。

2. 试验方法

①首先确定被试物是否已完成了其他特性试验及绝缘试验,具备了耐压试验的条件。

②对被试物进行试验前的准备工作,如擦拭被试物、拆除各种临时线路和障碍物等。

③将被试物的外壳和被试线圈可靠的接地。

④使用兆欧表测试被试物的绝缘电阻值,绝缘电阻值应符合规定。

⑤按试验接线图接线。在通电之前,应由安全监护人检查无误。

⑥正式试验前,应对设备进行一次空载试验,当电压升至额定试验电压或稍高一些时,试验设备应无异状。然后将电压调回零位,断开电源。

表 2.3 高压电气设备绝缘的工频耐压试验电压标准

额定电压 /kV	最高工作 电压/kV	1min 工频耐受电压(kV)有效值					
		电压、电流互感器		支柱绝缘子、隔离开关		干式电力变压器	
		出厂	交接	出厂	交接	出厂	交接
3	3.5	18	16	25	25	10	8.5
6	6.9	23	21	32	32	20	17
10	11.5	30	27	42	42	28	24
35	40.5	80	72	100	100	70	60

3.试验的注意事项

①交流耐压试验一般应在环境条件较好时进行。

②试验变压器所用的测量仪表应校对准确。

③升压速度应按试验变压器使用要求进行,但在额定试验电压 40% 以下时,可以自由掌握。

④耐压试验后,应随即测量被试物的绝缘电阻值,此值应与耐压前测量值无大差别。

⑤交流耐压试验应符合下列规定:

·橡塑电缆优先采用 20～300Hz 交流耐压试验。20～300Hz 交流耐压试验电压和时间见表 2.4。

表 2.4 20～300Hz 交流耐压试验电压和时间

额定电压(U_0/U)/kV	试验电压	时间/min
18/30 及以下	$2.5 U_0$(或 $2 U_0$)	5(60)
21/35～64/110	$2 U_0$	60
127/220	$1.7 U_0$(或 $1.4 U_0$)	60
190/330	$1.7U_0$(或 $1.3 U_0$)	60

·不具备上述试验条件或有特殊规定时,可采用施加正常系统相对地电压 24h 方法代替交流耐压。

4.试验结果的判断

交流耐压试验的结果判断,主要是看被试设备是否承受住了外施高压。在试验过程中,试验人员要根据仪表的批示,有无放电声音,以及声音的种类来及时判断被试设备的绝缘缺陷及部位,以减少被试设备被击穿损坏的损失。

①在试验过程中,电流表的指示突然猛增,随即试验变压器的过电流继电器动作,切断电源,这种现象一般为被试物击穿的象征。

②在试验过程中,随着电压的升高而发出放电声音,应立即停电,并根据声音的部位及声

音的种类来判断原因。

在进行母线连同支持绝缘子的交流耐压试验时,则往往会发出尖锐的放电声,一般是母线等处对地距离不够,或是支持绝缘子有裂纹,再有就是穿墙套管根部接地不良等原因。

③对试验变压器的过电流继电器的整定值,应经常进行检查。此整定值可按试验变压器额定容量整定。当被试物容量超出试验变压器额定容量时,电流指示会上升较快,而电压则停在某值不动,此时应即停止升压,以免时间过长而损坏试验变压器。

技能训练模块

针对常用的高压电气设备绝缘测试项目,完成以下几种高压绝缘测试项目(被试品选用高压套管或绝缘子)将测试结果填写在表2.5和表2.6中。

表2.5 试验数据记录表

试验序号	被试品电容电流 I_C/A	试验变压器电压 U/kV	被试品上的电压 U_C/kV	变压器输出容量 S/kV·A	被试品吸收的无功功率 Q/kvar
1					
2					
3					
4					

技能训练测试项目一 绝缘电阻、吸收比测试

1.掌握绝缘电阻、吸收比的测试原理;

2.会使用兆欧表对绝缘子、高压套管等电气绝缘材料进行绝缘电阻、吸收比的测量;

3.按照之前所学内容分组列出兆欧表测试的步骤及安全注意事项;

4.人员分工,团结协作完成。注意放电、接地、操作时须有一人操作,一人监护;

5.采用手摇式兆欧表或数字式绝缘电阻测试仪对绝缘子或高压套管进行绝缘电阻测试。

技能训练测试项目二 直流泄漏电流和直流耐压测试

1.安全工器具的正确使用;

2.会使用直流高压发生器及倍压筒进行绝缘子或高压套管的直流泄漏电流测试;

3.懂得验电、接地的重要性并牢记心中;

4.会使用工频耐压试验控制箱,及试验变压器在直流耐压试验方式下测试绝缘子或高压套管的直流泄漏电流及直流耐压值。

技能训练测试项目三 介质损耗角正切值测试

1.通过前面的学习,了解测量电介质损耗角正切值的意义;

2.利用电桥平衡法测试介质损耗角正切值的原理,会西林电桥的接线;

3.测试介质损耗角正切值 $\tan\delta$ 的另一仪器——异频全自动介质损耗测试仪;

4.会使用异频全自动介质损耗测试仪进行绝缘子的 $\tan\delta$ 和电容值 C 的使用。

技能训练测试项目四　工频耐压测试

1.测试前安全措施的制定；

2.熟练掌握工频耐压试验仪的使用方法及接线；

3.能使用该仪器进行绝缘子等电气设备绝缘的工频耐压测试和支流耐压测试；

4.测试前验电、接地的重要性。

表 2.6　高压绝缘测试数据记录表

测试项目 序号	绝缘电阻测试/MΩ		直流泄漏电流		介质损耗测试		工频耐压测试/1min	
	R_{15}	R_{60}	直流耐压	泄漏电流	$\tan\delta$	电容值 C	工频耐压	工频电流
1								
2								
3								
4								
5								
6								
计算结果 K								

作业与思考

1.测量电气设备绝缘的仪器是什么？测量绝缘电阻时中途能不能将表的引线与被试品断开？为什么？

2.测量吸收比时,如果被试品绝缘受潮,吸收比会发生什么变化？根据测试结果如何判断电介质绝缘状况？

3.直流泄漏电流测试的原理与绝缘电阻有何异同？

4.对被试品做工频耐压测试前必须检查哪些参数？

5.试验变压器的作用是什么？如何根据试验要求选取试验变压器？

6.测量介质损耗正切值的仪器是什么,它的工作过程怎样的？在测试中对不同的电气设备绝缘,选用的接线方式相同吗？有几种接线方式？说说每一种接线方式的特点。

项目三　电力变压器测试

【项目描述】

对电力变压器进行绝缘试验和特性试验,掌握变压器绕组、套管及各绝缘部件的常规绝缘试验项目和变压器特性试验项目。能根据试验测量数据对变压器的性能进行综合分析判断,并写出试验报告。

【学习目标】

1.了解电力变压器的结构、工作原理及作用;

2.掌握变压器高压绕组对地、低压绕组对地、高低压绕组之间的绝缘电阻及吸收比的测量方法;

3.巩固兆欧表的使用方法及注意事项;

4.会使用仪器对变压器三相绕组绝缘进行泄漏电流和直流耐压试验;

5.掌握用介质损耗测试仪对三相电力变压器进行介质损耗角正切值 tanδ 的测试方法;

6.掌握变压器油绝缘强度试验方法;

7.掌握电力变压器三相绕组的交流耐压试验方法;

8.掌握变压器导电回路直流电阻测试方法。

【知识储备】

3.1　变压器绝缘特性测试

1.绝缘电阻和吸收比测试

测试绝缘电阻和吸收比是检查变压器绝缘状态简便而通用的方法。

(1)测试绝缘电阻

测试时,按"标准"规定使用兆欧表,依次测量各绕组对地及绕组间的绝缘电阻。被测绕组引线端短接,非被试绕组引线端均短路接地。测量部位和顺序,见表3.1。

表 3.1　测量和接地端

序号	双绕组变压器	
	测量绕组	接地端
1	低压	高压绕组和外壳
2	高压	低压绕组和外壳
3	高压和低压	外壳

测量绝缘电阻时,非被试绕组短路接地,可以测试出被测绕组对地和非被测绕组间的绝缘状态,也能防止非被测绕组中的残余电荷放电。对测量结果产生影响。因此,测试前应将被试绕组短路接地,使其充分放电。

测得的绝缘电阻值,以各绕组历次测量结果相互比较进行判断。交接性试验时,一般要求不应低于出厂试验值的 70%（换算到相同温度下）。

表 3.2　油浸式电力变压器绕组绝缘电阻的标准值　　　　　　单位：MΩ

温度/℃		10	20	30	40	50	60	70	80
高压绕组额定电压/kV	3～10	450	300	200	130	90	60	40	25
	20～35	600	400	270	180	120	80	50	35
	60～220	1200	800	540	360	210	160	100	75

比较绝缘电阻值时必须换算到同一温度下。由运行经验可知，温度每下降 10℃，绝缘电阻值约增加 1.5 倍。据此，可以对不同绕组在同一温度下的绝缘电阻值进行比较，也可以对同一绕组历年绝缘电阻测试时换算到同一温度下的历史数据进行比较，来判断绝缘老化的趋势。

（2）测试吸收比

吸收比是指用兆欧表对变压器绝缘加压时间为 60s 和 15s 时，测得的绝缘电阻的比值，即 $K = \dfrac{R_{60}}{R_{15}}$。吸收比对反映绝缘是否受潮非常灵敏。测试吸收比的方法与绝缘电阻测试方法完全相同。因此，若被试变压器绝缘的吸收比 $K \geqslant 1.3$，则认为绝缘干燥或无缺陷；若吸收比 $K < 1.3$ 或 K 接近于 1，则可判断绝缘严重受潮或有集中性缺陷，不能继续使用。

（3）测试步骤

①把被测变压器高、低压绝缘瓷套擦拭干净，当测试高压绕组的绝缘电阻时，将兆欧表量程选定为 2500V，用裸铜线将高压侧端子 A、B、C 短接，接兆欧表 L 端；同时用裸铜线将低压侧端子 a、b、c、0 短接后接外壳并可靠接地，接兆欧表 E 端。

②接通测试电源，电源指示灯亮。

③等待 60s，读取测试值并做记录，此时的读数为变压器高压绕组对变压器低压绕组及变压器外壳的绝缘电阻。关闭测试电源，电源指示灯灭。

④当测试低压（0.4kV）绕组的绝缘电阻时，将兆欧表量程选定为 500～1000V，用裸铜线将低压侧端子 a、b、c、0 短接，接兆欧表 L 端；同时用裸线将高压侧端子 A、B、C 短接后接外壳并可靠接地，接兆欧表 E 端。

⑤接通测试电源，电源指示灯亮。

⑥等待 60s，读取测试值并做记录，此时的读数为变压器低压绕组对变压器高压绕组及变压器外壳的绝缘电阻。关闭测试电源，电源指示灯灭。

⑦绕组连同套管的吸收比的测试接线方法和测试变压器高压绕组绝缘电阻的接线方法相同。吸收比的测试要用秒表看时间，当测试至 15s 时读取兆欧表的数值，继续测量到 60s 时再读取一个数值，即可求出 R_{60}/R_{15} 的吸收比。

⑧绕组连同套管的极化指数的测试接线方法和测试变压器高压绕组绝缘电阻的接线方法相同。极化指数的测试要用秒表看时间，当测试至 60s 时读取兆欧表的数值，继续测量到 600s 时再读取一个数值，即可求出 R_{10}/R_1 的极化指数。测试接线如图 3.1 所示。

（4）注意事项

①测试人员接触设备前，应对被试设备进行可靠充分放电，并断开被试设备和外界的一切连线。

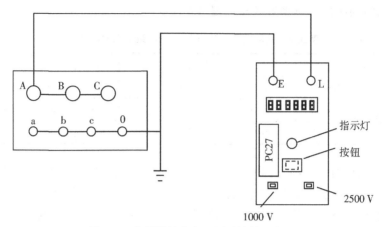

图 3.1　变压器绝缘电阻测试接线示意图

②为了保证测试人员的安全和测试仪表准确显示,测试人员应带绝缘手套,在接通和断开测试仪器的按钮开关的时候应动作迅速并及时准确地观察仪表变化情况,待数据稳定后方可读取数据。

③接线时一定要保证变压器、仪表接线的准确性,否则测试结果会产生误差。

④试验时应记录环境温度、上层油温和空气相对湿度。

⑤试验结束后必须对变压器进行可靠充分放电,防止试验残余电荷伤及他人。

⑥检查变压器是否存在明显绝缘缺陷;如果在绝缘电阻测试时不能满足要求,则必须进行更详细的测试、分析判断其原因。

(5)测量结果的分析判断

①绝缘电阻值不低于产品出厂试验值的70%。

②当测量绝缘电阻的温度与出厂试验时的温度不符合时,应换算到同一温度时的数值进行比较。温度换算系数见表3.3油浸式电力变压器绝缘电阻的温度换算系数。

表 3.3　油浸式电力变压器绝缘电阻的温度换算系数

温度差/℃	5	10	15	20	25	30	35	40	45
换算系数	1.2	1.5	1.8	2.3	2.8	3.4	4.1	5.3	7.6

变压器绝缘电阻测量工作,应在气温5℃以上的干燥天气(湿度不超过75%)进行,测量是断开其他设施,擦净套管,测量变压器的温度,绝缘电阻不应低于表3.4规定。如果绝缘电阻值低于允许值时,不得进行耐压试验。

表 3.4　变压器的绝缘电阻允许值

温度℃　　　测量项目	10	20	30	40	50	60	70	80
一次对二次及地/MΩ	450	300	200	130	90	60	40	25
二次对地	同上							

当测量绝缘电阻的温度差不是表中所列数值时,其换算系数 A 可用线性插入法确定,也

可按下述公式计算：

$$A = 1.5^{K/10}$$

校正到20℃时的绝缘电阻值可用下述方法计算：

当实测温度20℃以上时：

$$R_{20} = AR_t$$

当实测温度为20℃以下时：

$$R_{20} = R_t/A$$

式中，R_{20}——校正到20℃时的绝缘电阻值（MΩ）；

　　　R_t——在测量温度下的绝缘电阻值（MΩ）。

表3.5　双绕组电力变压器绕组绝缘电阻及吸收比测试数据记录表（环境温度：＿℃）

序号	高压对地/MΩ	吸收比	低压对地/MΩ	吸收比	高压对低压/MΩ	吸收比
1						
2						
3						
4						
5						

2. 直流泄漏电流测试

电力变压器的泄漏电流测试原理同绝缘电阻测试，但是因为所施加的直流电压值较高，能发现变压器绕组和套管绝缘在测试绝缘电阻时不易发现的绝缘缺陷，因此，泄漏电流测试也是电力变压器绝缘试验中不可缺少的一项内容。

测试泄漏电流的方法主要是利用直流高压发生器或者交流耐压试验变压器升压后再经整流输出直流高电压，将直流高电压分别加在变压器各绕组绝缘上，通过微安表的指针读数，测出绕组绝缘的泄漏电流。对同一台变压器而言，一般在绝缘良好时，利用测出的泄漏电流换算出的绝缘电阻值，应该与用兆欧表加屏蔽测出的绝缘电阻值相等或接近。

测试时的加压部位与测量绝缘电阻相同，试验电压的标准如表3.6所示。

表3.6　试验电压的标准

绕组额定电压/kV	3	6～15	20～35	35以上
直流试验电压/kV	5	10	20	40

（1）测试方法

①先用干燥清洁的软布擦去高、低压套管表面的污垢并检查套管有无裂纹及掉瓷情况。

②把仪表、仪器、操作台、倍压装置放至平稳可靠的地方进行试验。

③先将直流高压发生器的高压输出导线接至被测变压器的高压侧A相，高压侧B、C相及低压侧a、b、c、0端和外壳一起接地。测试接线图如图3.2所示。

④连接倍压装置与控制操作箱之间的电缆，接入试验设备工作电源。

⑤根据被试变压器的电压等级，调整过电压整定值至需要的数值。

⑥按下电源按钮,绿灯亮。

⑦按下高压按钮,红灯亮。

⑧均匀升压至额定试验电压(110kV 系统为 40kV、35kV 系统为 20kV),一般情况下持续时间 60s 后,迅速读取泄漏电流值并记录。

⑨快速均匀降压至零,按下停止按钮,红灯灭,绿灯亮。

⑩关闭电源开关,绿灯灭。断开试验设备工作电源,对被试设备进行充分放电。

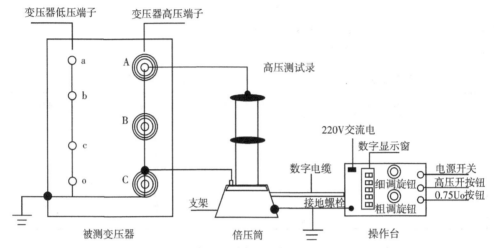

图 3.2　测量变压器绕组连同套管的直流泄漏电流接线示意图

(2)注意事项

①测试人员接触设备前,应对被试设备进行充分放电,并断开被试设备和外界的一切连线。

②试验前,应将被试设备的绝缘套管表面擦拭干净,并检查变压器油位是否在标准位置、套管内的残留气体是否放尽等试验前应查项目。

③根据试验接线图接好线后,监护人应对所接导线进行详细检查,确认无误(包括引线对地距离、安全距离等)后方可准备加压。

④为了测得准确的泄漏电流值,微安表应接在靠近被试品的高压端。接通测试电源,电源指示灯亮。高呼"加高压"并应在得到响应后按下高压按钮,高压指示灯亮后,开始均匀升压。

⑤升压过程中应监视电压表及其他表计的变化,若发现测试值波动范围较大时,应加强观察,分析原因并记录数值波动范围。

⑥当被试设备、试验设备发出异常响声、冒烟、冒火等情况时应立即降压至零,断开电源并在高压侧挂上地线后,查明原因。

⑦放电时应使用绝缘合格的接地棒,先用电阻端放电,后用直接放电。在换接高压导线时,应将绝缘棒的铜钩始终挂在试验变压器的高压输出导线上。

⑧连接被试变压器的导线应尽量缩短,导线对地距离要有足够的高度,以减少杂散电流的干扰;直流高压引线应采用屏蔽线。

⑨试验时应记录环境温度、上层油温和空气相对湿度。

⑩当变压器电压等级为 35kV 及以上,且容量在 8000kV·A 及以上时,应测量直流泄漏电流。

3. 测试介质损失角正切值 tanδ

测量三相电力变压器绕组绝缘的介质损失角正切值 tanδ，主要用于检查变压器是否受潮、绝缘老化、油质劣化、绝缘上附着油泥及严重局部缺陷等。一般测试时是绕组连同套管一起的 tanδ 值。

测试介质损失角正切值 tanδ 的基本原理和方法，主要是采用平衡电桥法，主要仪器是 QS－Ⅰ高压西林电桥。随着计算机技术和检测技术的不断发展，目前多采用异频全自动介质损耗测试仪。异频全自动介质损耗测试仪的使用及测试方法见高电压实验指导书。

因变压器的外壳是直接接地，所以只能采用交流电桥反接线进行测量，测量部位按表 3.7 进行。测试接线如图 3.3 所示。

表 3.7　测量绕组和接地部位

序号	双绕组变压器		三绕组变压器	
	被测绕组	接地部位	被测绕组	接地部位
1	低压	外壳和高压绕组	低压	外壳、高压和中压绕组
2	高压	外壳和低压绕组	中压	外壳、高压和低压绕组
3			高压	外壳、中压和低压绕组
4	高压和低压	外壳	高压和中压	外壳和低压绕组
5			高压、中压和低压	外壳

(1)试验方法

①先用干燥清洁的布擦去其表面的污垢。

②检查套管有无裂纹及烧伤情况。

③把仪器摆放平整并检查试验电源电压与测试设备工作电压相符。

④检查保护接地线是否连接可靠。

⑤根据被试设备接地情况，正确选择正、反接法。

⑥将介质损耗自动测试仪测试线接于本体插孔相连接，其屏蔽线接地；另一端接在被试设备套管的导电杆上(测试三相变压器高压绕组时将低压绕组短接并接地，测试三相变压器低压绕组时将高压绕组短接并接地)。

⑦将仪器电压挡位开关拨至试验所需电压挡位将短接线插入所需电压挡位接通测试电源，电源指示灯亮。

⑧按复位按钮使显示器归零。

⑨按下测试按扭等待测试，当等待红灯发亮时测量完毕，读取并记录数据(其相应电容值将同时被测出并显示)。

⑩关闭测试电源，电源指示灯灭。

⑪使用接地良好的放电棒对被试变压器充分放电。

(2)注意事项

①仪器尽量选择在宽敞、安全可靠的地方使用。

②若被试设备从运行状态断开高压引线转为检修状态，应对其清扫，确认绝缘良好，方可利用该仪器进行试验，以防被试设备绝缘低劣，使仪器在加压过程中损坏。

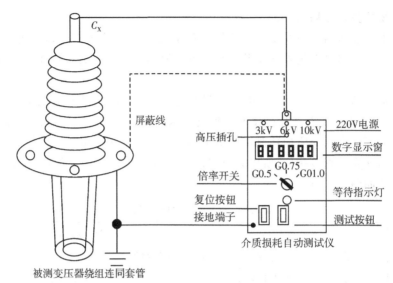

图 3.3 测量变压器绕组连同套管的介质损耗角正切值 tanδ 接线示意图

③根据设备的安装情况确定采用哪种接线,并在相应的菜单选项中选择其接线方法。

④根据不同设备正确选择测试电压等级,并在相应的菜单选项中选择所需电压。

⑤测试过程中如遇危及安全的特殊情况时,可紧急关闭总电源。

⑥断开面板上电源开关,并断开 220V 试验电源且要有明显断开点,才能进行接线更改或结束工作;重复对同一试验设备进行复测核对测试结果时,可按下复位按钮后重新测量。

⑦为保证测量精度,特别是当小电容量被试品损耗较小时,一定要保证被试设备低压端各引线端子间绝缘良好,在相对空气湿度较小的环境中测量。

⑧由于仪器自身带有升压装置,应注意与高压引线的绝缘距离及人员安全。

⑨仪器应可靠接地,接地不好可能引起机器保护或造成危险。

⑩仪器启动后,除特殊情况外,不允许突然关断电源,以免引起过压损坏设备。

⑪试验结束后必须对变压器进行可靠充分放电,防止试验残余电荷伤及他人。

⑫当变压器电压等级为 35kV 及以上,且容量在 8000kV·A 及以上时,应测量介质损耗角正切值 tanδ。

4. 工频耐压试验

(1)测试的作用

工频交流耐压试验是考核变压器主绝缘强度、检查局部缺陷具有决定性作用的一个项目。采用这种测试能有效地发现绕组主绝缘受潮、开裂,或在运输过程中由于振动使绕组松动、移位,造成引线距离不够以及绕组外绝缘磨破、附着脏物等。

(2)测试接线

如前所述,测试时被试绕组的端头都应短接,非被试绕组应短路接地。试验室里采用工频耐压试验控制箱和试验变压器来对变压器的三相高低压绕组及套管绝缘进行交流耐压测试。由于输出电压高,为了设备安全,控制箱与试验变压器的连线全部采用成组的高压专用线,连线接头部位的颜色标识与控制箱的接口和试验变压器的相别之间分别有相应的颜色对应,不能接错,以防产生的过电压对试验变压器的绕组产生冲击而损坏绝缘。

通过实际测试发现,低压绕组对地的电位可能达到不允许的数值,且有可能超过低压绕组规定的试验电压,但高、低压绕组之间承受的电压又将低于试验电压,所以必须注意低压绕组的接地。同样,所有非被试绕组都应短路接地。

变压器交流耐压试验用的设备通常有试验变压器、调压设备、过流保护装置、电压测量装置、过压保护装置、保护电阻及控制装置等。

(3)试验变压器的选用

①电压。

根据被试品的试验电压,选用具有合适电压的试验变压器。试验电压较高时,可采用多级串接式试验变压器,并检查试验变压器所需低压侧电压是否与现场电源电压、调压器相配。

②电流。

电流按下式计算

$$I = \omega C_X U \tag{3.1}$$

$$\omega = 2\pi f \tag{3.2}$$

式中,I——试验变压器高压侧应输出的电流(mA);

$\quad\omega$——角频率;

$\quad C_X$——被试品电容量(μF);

$\quad U$——试验电压(kV);

$\quad f$——电源频率(Hz)。

(4)试验方法

以试验室一台10kV电力变压器的工频耐压试验为例。交流耐压试验必须是在绝缘电阻、泄漏电流和介质损耗测试数据合格的情况下才能进行。先检查试验仪器及设备是否正常、变压器绕组端头是否短接、放电,变压器三相绕组绝缘是否破损、开裂等。

试验仪器:工频耐压试验控制箱、试验变压器、微安表、电源线一条、连接导线一组、接地线三条、绝缘接地杆一根、绝缘手套三双。

①首先确定被试物是否已完成了其他特性试验及绝缘试验,具备了耐压试验的条件。

②对被试物进行试验前的准备工作,如擦拭被试物、拆除各种临时线路和障碍物等。

③将被试物的外壳和被试线圈可靠的接地。

④先用干燥清洁的布擦去高、低压套管表面的污垢并检查套管有无裂纹及掉瓷情况。

⑤把仪表、仪器、操作台、升压变压器放置平稳可靠的地方进行试验。

⑥按照接线示意图:将变压器高压侧 A、B、C 端子短接、将低压侧 a、b、c、0 端和外壳一起短接并可靠接地,再将升压变压器的高压输出导线接至被测变压器的高压端并正确进行相关连线。

⑦在通电之前,应由安全防护人检查无误。

⑧检查遮拦设置是否完好,无关人员是否退出警戒线以外。

⑨接入符合测试设备的工作电源,电源指示绿灯亮。

⑩检查调整电压的旋钮是否在零位;按下启动按钮,红灯亮绿灯灭。

⑪在控制箱操作面板屏幕上选择升压模式"自动"或"手动"。开始升压,升压时在 1/3 试验电压以下可以稍快一些,其后升压要均匀,约以 3%试验电压/每秒升压,或以升至额定试验

电压的时间为 10～15s 进行。

⑫根据规程要求,一般情况下加压至 60s,记录测试结果,迅速均匀的将电压降至零伏。

⑬关闭试验电源,用放电棒对被试变压器充分放电。

⑭由于变压器交流耐压试验分高压对低压及地、低压对高压及地等多种情况。上述试验方法是针对"高压对低压及地"说明的,其余测试与此类同,在此不再赘述。

⑮交流耐压试验可以采用外施工频电压试验的方法,也可采用感应电压试验的方法。试验电压波形尽可能接近正弦,试验电压值为测量电压的峰值除以$\sqrt{2}$,试验时应在高压端监测。

外施交流电压试验电压的频率应为 45～65Hz,全电压下耐受时间为 60s。

感应电压试验时,为防止铁心饱和及励磁电流过大,试验电压的频率应适当大于额定频率。除非另有规定,当试验电压频率等于或小于 2 倍额定频率时,全电压下试验时间为 60s;当试验电压频率大于 2 倍额定频率时,全电压下试验时间为:120×额定频率/试验频率(s),但不少于 15s。

⑯分别测 A、B、C 三相绕组及套管绝缘。测试接线图如图 3.4 所示。

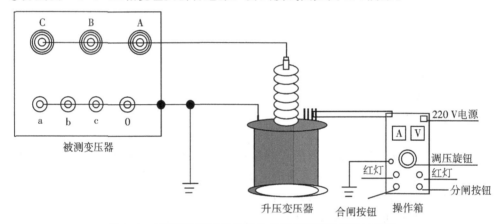

图 3.4　变压器绕组连同套管的交流耐压试验接线示意图

(5)试验数据记录

序号	试验电压/kV	高压静电电压表读数/kV	微安表读数/mA	试验结论
1				
2				
3				
4				
5				

3.2　电力变压器变比、极性和组别测试

1.电力变压器变比测试

(1)变比测试的原理

变压器的变比是指变压器空载运行时,一次侧电压 U_1 与二次侧电压 U_2 的比值。即

$$K = \frac{U_1}{U_2} \tag{3.3}$$

由变压器的相关知识,可以知道,单相变压器的变比近似等于变压器的匝数比。三相变压器铭牌上的变比是指不同电压绕组的线电压之比,因此,不同接线方式的变压器,其变比与匝数比有如下关系:一次、二次侧接线相同的三相变压器的变比等于匝数比;一次侧、二次侧接线不同时,Y、d 接线的变比为 $K = \sqrt{3}\dfrac{N_1}{N_2}$,$D$、$y$ 接线的变比为 $K = \dfrac{N_1}{\sqrt{3}N_2}$。

测量变压器变比的目的:

①检查变压器绕组匝数比的正确性;

②检查分接开关的状况;

③变压器发生故障后,常用测量变比来检查变压器是否存在匝间短路;

④判断变压器是否可以并列运行。

当两台并列运行的变压器二次侧空载电压相差为额定电压的 1% 时,两台变压器中的环流将达到额定电流的 10% 左右,这样便增加了变压器的损耗,占用了变压器的容量。因此,变比的差值应限制在一定范围内,按有关规定,变比小于 3 的变压器,允许偏差为 ±1%,其他所有变压器为 ±0.5%。

变比试验亦称变压比测量,就是在变压器的一侧绕组施加一个电压,然后用仪表或仪器测量另一侧绕组的电压值,并通过计算来确定该变压器是否符合设计所要求的电压变换的结果。

变比试验可以检查绕组匝数是否正确、匝间是否有短路现象、绕组接头的连接及分接开关的位置是否正确等。

测得的变比误差一般要求不应大于 ±2%,同时要符合分接开关位置变化的规律,对于大型电力变压器,如牵引变压器,则变比误差不大于 ±0.5%。

变比试验一般均采用自动变比速测仪。对新型结线的变压器可采用双电压表法。

单相变压器要进行极性试验,三相变压器要进行接线组别试验,就是检查变压器高压侧线圈的相位关系是否符合设计要求。极性与组别试验可采用直流法、相量图法及相位表法。

(2)试验步骤及方法

①将仪表摆放平整,把测试仪测试导线的高压部分 A、B、C,和低压部分 a、b、c 分开并分别接入测试仪和被测变压器相应的端子上。测试接线如图 3.5 所示。

②在测试仪内输入将要测试的变压器的计算变压比。

③将面板上的功能键置于与铭牌标识组别相同的接线组别。

④接通测试电源,电源指示灯亮,按复位按钮使显示器归零。

⑤按下测试按钮开始测试,经过约 60 s 左右,数字屏界面右上方显示出的是变压器的接线组别,数字屏界面左侧的四位数字则显示的是变压器的变比误差(%),记录测试结果。

⑥关闭电源。

⑦转换被测变压器的挡位,按照上述②至⑥步骤分别测试出各挡位下的变比误差。

⑧进行单相变压器变比测试时,应使用仪器的 A、B、a、b 这 4 个接线柱进行测试。

假定单相变压器高低压侧绕组标号为:变压器高压首端为 A、变压器高压末端为 X、变压器高压首端为 a、变压器高压首端为 x。其接线方法为:仪器 A——变压器 A、仪器 B——变压器 X、仪器 a——变压器 a、仪器 b——变压器 x,其余端子不接。

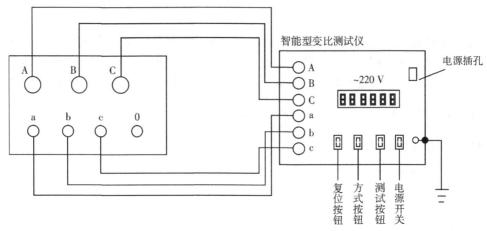

图 3.5　三相变压器变比测试接线示意图

（3）注意事项

①测试仪器必须是经国家有关检定部门检定合格并在使用期内,测试仪的外壳必须牢靠接地。

②测试人员接触设备前,应对被试设备进行可靠充分放电,并断开被试设备和外界的一切连线。

③测试前详细核对所使用电源与测试仪器使用的电源是否一致。

④为了保证测试人员的安全和测试仪表不受外界磁场的干扰,智能型变比测试仪的金属外壳应可靠接地。

⑤测试完毕应对地充分放电,约 30s 后再断开线路。

⑥注意在接线时绝对不能将测试线的高、低压侧接反,否则会产生高电压,不但会使仪器严重损坏,而且会造成人身伤害事故。

⑦对于特殊接线方式的变压器,其试验方法应按照厂家相关资料进行。

（4）测量结果的分析判断

对测量结果进行分析判断时应注意以下几个方面:

①测量的电压比与铭牌值以及历次测试结果相比,不应有显著差别,且应符合各挡位间变比均匀变化的规律。

②电压在 35kV 以下,电压比小于 3 的变压器,电压比允许偏差为 ±1%;其他所有的变压器,额定分接头电压比允许偏差为 ±0.5%;其他分接的电压比应在变压器阻抗电压值（%）的1/10 以内,但不得超过 ±1%。

③变压器变比不合格,最常见的故障是分接头引线焊错;分接开关指示位置与内部引线不对应造成。

④故障后导致匝间短路也会造成变压比改变。

2. 电力变压器极性测试

（1）极性测试的意义

当一个通电绕组中的磁通量发生变化时,就会产生感应电动势,感应电动势为正的一端,称为正极性端,感应电动势为负的一端,称为负极性端。如果磁通的方向改变,则感应电动势的方向和端子的极性都随之改变。所以,在交流电路中,正极性端和负极性端都只能针对某一时刻而言。

在变压器中,极性的判断除了和磁通的方向有关外,还与变压器绕组的绕向有很大关系。实际生产的变压器的绕向有左绕和右绕两种。左绕是指从绕组的底部顺着导线向上看,逆时针绕;右绕则刚好相反,为顺时针方向。缠绕在同一铁芯上的两个绕组有同一磁通通过,绕向相同则感应电动势方向相同,绕向相反则感应电动势方向相反。所以,变压器的一次侧、二次侧绕组的绕向和端子标号一经确定,就要用"加极性"或"减极性"来表示一次、二次感应电动势的相位关系。

(2)测试方法

使用仪器名称:智能型变比测试仪(自动法);或万用表、胶盖开关(单相刀闸/双极开关)、干电池(直流法)

型号/规格:GC—2002/1—10000(自动法);或 MF—500、HK1—15/2、1.5V～6V(直流法)

①测量时采用一低压直流电源,通常是用两节 1.5～6V 干电池串联,用导线把一双极开关和干电池提前接入电路,以备测量。

②使用已可靠接地的放电棒在被检测的变压器端子上充分放电。

③检查双极开关在断开状态。

④将电源导线的正极接变压器高压端子的 A 相,电源导线的负极接 X 相。

⑤把万用表的挡位拨至毫伏挡并将正极表笔接变压器低压端子 a_1 相,负极表笔接变压器低压端子 x_1 相。

⑥合上双极开关的瞬间观察仪表指针摆动方向若正向摆动就是减极性,若反向摆动则为加极性,记录测试结果,分开双极开关。

⑦保持测试电源部分不改动,将正极表笔接变压器低压端子 a_2 相,负极表笔接变压器低压端子 x_2 相。

⑧合上双极开关的瞬间观察仪表指针摆动方向,记录测试结果,分开双极开关。

接线示意图如图 3.6 所示。

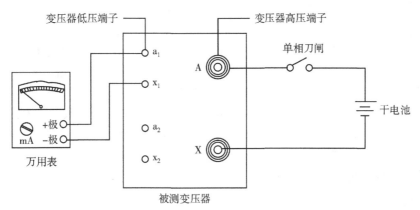

图 3.6　单相变压器引出线的极性测试示意图

（3）注意事项

①变压器的三相接线组别和单相变压器引出线的极性，必须与设计要求及铭牌上的标记和外壳上的符号相符。

②测试人员接触被试变压器前，应对被试变压器进行可靠充分放电，并断开被试变压器和外界的一切连线，并保证外部接线与变压器本体的安全距离。

③测试前应详细检查该仪器实际使用电源与测试仪器应匹配的电源是否一致。

④为了保证测试人员的安全和测试仪表准确显示，测试人员在测试时应带绝缘手套，在接通和断开双极开关的时候应动作迅速并及时准确地观察仪表变化情况。

⑤接线时一定要保证变压器、仪表及测试电源的接线准确性，否则测试结果会不正确。

⑥在测试变压器的三相接线组别时，应在双极开关合上的一瞬间观察仪表指针偏转方向，当双极开关合上后，仪表指针会迅速上升到最大值就开始下降，此最大值及仪表指针所指示的方向（＋或－）就是应记录的参数。

⑦如果仪表指针反偏，看不到指示时，可将仪表表笔的正负极倒换一下再行测试，但在作记录时应在测出的参数前面记下一个负号，即此时仪表的指示值仍应记为"－"。

⑧直流电源的电压一般在 6V 以下，不宜太高，通常采用干电池。测试电源应接在被测变压器的高压侧绕组上，仪表接在被测变压器的低压侧绕组上，不可接反。否则当检测时，双极开关分合闸的瞬间会在高压侧感应出较高电压对仪表造成损坏。

⑨为保证测量数据的准确，确保人身和仪表的安全，操作前应熟悉操作要领，先接通仪表回路，后接通电源回路。测试开始电源接通后，不要马上分开双极开关，因为接通的瞬间是正值的话，断开时则是负值，这样做极易造成误判断。因此必须等看清楚测试结果后再将电源切断。

（4）测量结果的分析判断

从变压器接线组别规律表可以看出，所有的单数连接组标号的仪表指示都有"0"出现，这是由于绕组感应电势平衡所造成的。

但在实际测量时，由于磁路、电路并不绝对相等，因而该值不会为零，常有很小的读数。这是因为三相绕组的阻抗不完全相等，因而各相绕组所感应的电流大小就有差别，这些差别就在测试效果应该是"0"的时候显示出来。为了正确地判断"＋"、"－"和"0"，在测量时，应该把仪表指示正负方向的指示值同时记录下来，然后从指示数的大小来判断出应为"＋"、"－"及"0"。它们的重要区别是：应为"＋"、"－"时的数值比较大，而且应为"＋"、"－"时的两个数值彼此的大小也相差不多；而应为"0"时的数值比应为"＋"、"－"时的数值要小得多，可算作为零并记为"0"。为此，在测量时应十分仔细地测量、分析、对比，避免产生差错。

在测量组别时，每组测得的 9 个数字中都包含有大数值（应为"＋"、"－"时）和较小数值（应为"0"时），而这些大小数值的分布也有一定的规律。凡是有 3 个小数 6 个大数的都属于单数组，凡是有 6 个小数 3 个大数的都属于双数组。用此方法可以判断是单数组还是双数组。如果是单数组，就可以把 3 个小数视为"0"，找出组别；如果时双数组，应根据电流表指出正负和大小数的分配规律找出组别。

3. 变压器连接组别测试

（1）变压器连接组别测试的意义

变压器连接组别是并列运行的重要条件之一，若参加并列运行的变压器连接组别不一致，将在变压器铁芯里产生环流，造成变压器的损耗增大。因此，在变压器出厂、交接和绕组大修后试验都应测量绕组的连接组别。

一台三相变压器,除了绕组间有极性关系外,因三相绕组的连线方式和引出端子标号的不同,其一次绕组和二次绕组对应的线电压间的相位差也会改变,不同的相位差代表着不同的连接组别。不管绕组的连接方法和引出线标志方式怎样变化,但最终一次、二次间对应线电压的相位差只有 12 种不同情况,且都是 30°的倍数(即 $n \times 30°$,$n = 0 \sim 311$)。我们将一次线电压超前对应的二次线电压 30°($n = 1$)称为 1 组,60°($n = 2$)称为 2 组……直至 360°即 0°($n = 0$)时两电压相量重合,为 0 组。线电压与相电压的夹角就好比钟表上分针和时针之间的夹角,将时钟表面等分成 12 个组。这种表示方法叫时钟法。时钟法是以分针代表一次线电压相量,固定指向 12 点位置;以时针代表对应的二次线电压相量,它所指的时钟点数就是连接组别数。

(2)变压器绕组连接组别测试原理及方法

确定变压器绕组连接组别的方法有直流法、双电压表法及相位表法。

①直流法。

用一低压直流电源(通常选择两节 1.5V 干电池串联)轮流加入变压器的高压侧 AB、BC、AC 端子,并相应记录接在低压端子 ab、bc、ac 上仪表指针的指示方向及最大数值。测量时应注意电池和仪表的极性。

②双电压表法。

连接变压器的高压侧 A 端与低压侧 a 端,在变压器的高压侧通入适当的低电压,测量电压 U_{Bb}、U_{Bc}、U_{Cb},并测量两侧的线电压 U_{AB}、U_{BC}、U_{CA} 和 U_{ab}、U_{bc}、U_{ca}。根据测得的电压值,可通过计算法、相位比较法等来判断变压器的连接组别。

③相位表法。

相位表法就是利用相位表可直接测量出高压与低压线电压间的相位角,从而来判定组别,所以又叫直接法。方法如下:将相位表的电压线圈接于高压,其电流线圈经一可变电阻接入低压的对应端子上。当高压通入三相交流电压时,在低压感应出一个一定相位的电压,由于接的是电阻性负载,所以低压侧电流与电压同相。因此,测得的高压侧电压对低压侧电流的相位就是高压侧电压对低压侧电压的相位。

注意:在测量时对单相变压器要供给单相电源,三相变压器要供给三相电源。

(3)测试步骤

使用仪器名称:智能型变比测试仪(自动法);或万用表、胶盖开关(单相刀闸/双极开关)、干电池(直流法)

型号/规格:GC-2002/1-10000(自动法);或者 MF-500、HK1-15/2、1.5V~6V(直流法)

①测量时采用一低压直流电源,通常是用两节 1.5~6V 干电池串联,用导线把一双极开关和干电池提前接入电路,以备测量。

②使用已可靠接地的放电棒在被检测的变压器端子上充分放电。

③检查双极开关在断开状态。

④将电源导线的正极接变压器高压端子的 A(B、C)相,电源导线的负极接 B(C、A)相。

⑤把万用表的挡位拨至毫伏挡并将正极表笔接变压器低压端子 a 相,负极表笔接变压器低压端子 b 相。

⑥合上双极开关的瞬间观察仪表指针摆动方向若正向摆动就是减极性;若反向摆动则为

加极性,记录测试结果,断开双极开关。

⑦测试电源部分不动,将正极表笔接变压器低压端子 b 相,负极表笔接变压器低压端子
c 相。

⑧合上双极开关的瞬间观察仪表指针摆动方向,记录测试结果,断开双极开关。

⑨保持测试电源部分不改动,将正极表笔接变压器低压端子 c 相,负极表笔接变压器低压
端子 a 相。

⑩合上双极开关的瞬间观察仪表指针摆动方向,记录测试结果,断开双极开关。

依次做高压部分 BC、AC 相的极性测试,方法与⑤至⑩相同,记录各次测试结果。

接线示意图如图 3.7 所示。

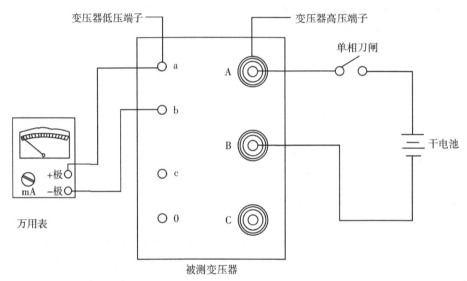

图 3.7　变压器的三相接线组别测试接线示意图

3.3　电力变压器绕组的直流电阻试验

测量变压器绕组的直流电阻的目的是:检查绕组接头的焊接质量和绕组有无匝间短路;电
压分接开关的各个位置接触是否良好以及分接开关实际位置与指示位置是否相符;引出线有
无断裂;绕组又无断股等。变压器绕组的直流电阻是变压器在交接、大修和改变分接开关后必
不可少的测试项目,也是故障后的重要检查项目。直流电阻试验可以检查分接开关接触是否
可靠,引线与套管等载流部分的接触是否良好,三相电阻是否平衡等。

测量直流电阻应在变压器各分接头的所有位置上进行。

1. 直流电阻测试的物理过程

变压器绕组可视为被测绕组的电感 L 与其电阻 R 串联的等值电路。当直流电压 E_N 加于
被测绕组,由于电感中的电流不能突变,所以直流电源刚接通的瞬间,即 $t=0$ 时,L 中的电流
为零,电阻中也无电流,因此,电阻上没有压降,此时全部外施电压加在电感的两端。测量回路
的过渡过程应满足方程

$$u = iR + L\frac{\mathrm{d}i}{\mathrm{d}t} \qquad i = \frac{E_N}{R}(1 - \mathrm{e}^{-t/\tau}) \tag{3.4}$$

式中,E_N——外施直流电压(V);

　　R——绕组的直流电阻(Ω);

　　L——绕组的电感(H);

　　i——通过绕组的直流电流(A)。

电路达到稳定时间的长短,取决于 L 与 R 的比值,即 $\tau = \dfrac{L}{R}$,τ 称为该电路的时间常数。

由于大型变压器的 τ 值比小变压器大得多,所以大型变压器达到稳定的时间相当长,即 τ 越大,达到稳定的时间越长,反之,则时间越短。回路中电流 i 为

$$i = \frac{E_N}{R}(1 - e^{-\frac{R \cdot t}{L}}) = \frac{E_N}{R}(1 - e^{-\frac{t}{\tau}}) \tag{3.5}$$

式中:τ—测量回路的时间常数;

　　t—从加压到测量的时间(s);

　　e—自然对数底,e=2.718。

测量大型变压器的直流电阻需要很长的时间,因此,缩短测量时间(即减小 τ 值),对提高试验功效很有意义。要使 τ 减小,可用减小 L 或增大 R(即增加附加电阻)的方法来达到。减小 L 可用增加测量电流,提高铁芯的饱和程度,即减小铁芯的导磁系数,增大 R,可用在回路中串入适当的附加电阻来达到,一般附加电阻可为被测电阻的 4～6 倍,此时测量电压也应相应提高,以免电流过小而影响测量的灵敏度。

2. 直流电阻测试标准

①1600KVA 以上的变压器,各相线圈的直流电阻,相互间差别应不大于三相平均值的 2%;无中性点引出时的线间差别应不大于三相平均值的 1%。

②1600KVA 及以下的变压器相间差别应不大于三相平均值的 4%,线间差别应不大于三相平均值的 2%。

③三相变压器的直流电阻,由于结构等原因超过相应标准规定时(如斯科特变压器),可与产品出厂试验值比较,相应变化应不大于 2%。测试直流电阻使用的仪器是直流单双臂电桥和速测仪。

3. 直流单、双臂电桥使用方法通则

①按要求将电池装入电池盒内,此时电桥就能正常使用。

②使用双臂电桥时,按四端连接在电桥相应的 C_1、P_1、C_2、P_2 的接线柱上,AB 之间为被测电阻。

③接通检流计放大器电源,等稳定后,调节检流计指针在零位。

④灵敏度旋钮放在最低位置。

⑤估计被测电阻值大小,选择适当倍率位置。然后按下 G 钮,再按下 B 钮,逐步放大灵敏度至最大位置,同时调节步进读数盘和滑线读数盘,使检流计指针指在零位,测试完毕。

⑥电桥使用完毕后,应将 B 钮与 G 钮按先 G 后 B 的顺序断开。

4. 试验步骤及方法

①将仪表摆放平整,将直流电阻快速测试仪的外壳可靠接地,并接入与设备匹配的工作电源。测试接线如图 3.9 所示。

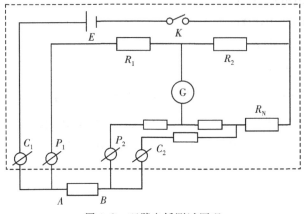

图 3.8 双臂电桥测试原理

②进行正确试验接线;将两个测试线夹对夹起来(示意图中的 P_1/C_1 和 P_2/C_2 通常各为一个线夹),合上仪器电源开关,按下任一电阻挡位按钮,旋动调零旋钮,使直流电阻快速测试仪面板上数字显示窗内的指示为零。

③关闭仪器电源开关。

④将直流电阻快速测试仪的测试线夹分别接于变压器高压侧 A 相和 C 相的引出端接线柱上,并检查变压器挡位开关所在挡位。

⑤打开电源开关。

⑥参考变压器技术说明书中"绕组连同套管的直流电阻 AC 相值",将直流电阻快速测试仪的挡位开关放置于最佳挡位进行测试。

⑦等待测试数字稳定后读取测试值并记录数据,此时测得结果是 AC 相的直流电阻。

⑧关闭电源开关。

⑨按下放电按钮,大约待 1min 后取下测试线夹。

⑩按照上述④至⑨步骤依次测试 AB 相和 BC 相。

⑪使用专用工具调整变压器挡位至另外一档,依照以上顺序测试 AB 相 BC 相 AC 相,直至把所有挡位测试完毕。

⑫低压绕组连同套管的直流电阻测试方法与上述高压绕组测试方法类同。由于低压绕组的电阻值通常较小,测试时应根据厂家资料所显示电阻值选择适当的挡位。

5.注意事项

①测试仪器必须是经国家有关检定部门检定合格并在使用期内,测试仪器的外壳必须牢靠接地。测量中所使用的仪器或仪表的准确度应不低于 0.5 级。

②连接的导线应有足够的截面,且连接处必须接触良好。在使用前,应对测试导线和测试线夹进行调零,以消除测试连线电阻对测量结果的影响。

③测量油浸变压器绕组的直流电阻时,应在上、下层油温相差不超过 3℃且温度较为稳定的情况下进行,并把上层油温作为绕组测试时的环境温度。

④非被试绕组应开路;测量低压绕组时,在电源开关通、断的瞬间,在高压绕组中可能会产生感应高电压,应注意人身安全。

⑤由于变压器的电感量较大,电流稳定所需要的时间较长,为了得到准确结果,必须等测

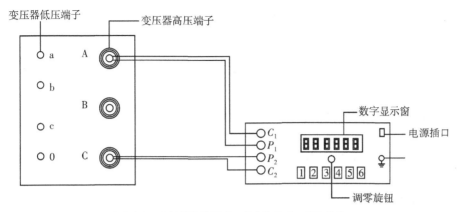

1,2,3,4—表示挡位按钮;5—复位按钮;6—放电按钮

图 3.9　变压器绕组连同套管的直流电阻测试接线示意图

试值显示稳定后再进行读数。

⑥测量中,为防止感应电动势损坏仪表,要特别注意操作顺序。在接通电源时,要先接好测试导线,再按下试验按钮;试验完毕或换相时则应先按下停止按钮,再按下放电按钮,等电荷释放约一分钟后再取下测试导线。

⑦将测试结果与历次测量的电阻值进行比较时,应将测试值换算到同一温度下进行比对。

6. 测量结果的分析判断

测量各绕组电阻值与产品出厂值及历次测试数据相比应无明显差别。测量结果的分析判断主要还是以本次测量电阻值进行相间或线间的相互比较来判定。因为各绕组间电阻值测量时的条件是相同的,避免了不同仪表、人员、温度等因素的影响,有利于判断结果的正确性。

(1)判断标准

①对 1600kV·A 以上的变压器,各相绕组的电阻(在同一分接位置时)相互间的差别应不大于三相平均值的 2%,无中性点引出线时的线电阻间的差别应不大于三相平均值的 1%。

②1600kV·A 及以下容量等级三相变压器,各相测得值的相互差值应小于平均值的 4%,线间测得值的相互差值应小于平均值的 2%;1600kV·A 以上三相变压器,各相测得值的相互差值应小于平均值的 2%;线间测得值的相互差值应小于平均值的 1%。

③变压器的直流电阻,与同温下产品出厂实测数值比较,相应变化不应大于 2%;不同温度下电阻值按照下式换算:

$$R_2 = R_1(T + t_2)/(T + t_1)$$

式中,R_1、R_2——分别为温度在 t_1、t_2 时的电阻值;

　　T——计算用常数,铜导线取 235,铝导线取 225。

④电阻误差的计算公式为:

$$\delta\% = (R_{max} - R_{min}/R_p) \times \%100$$

式中,$\delta\%$——相或线电阻之间的误差百分数;

　　R_{max}——相或线电阻的最大值;

　　R_{min}——相或线电阻的最小值;

　　R_p——三相相或三相线电阻的平均值。

若是相电阻 $R_p = (R_{AO} + R_{BO} + R_{CO})/3$

若是线电阻则 $R_p=(R_{AB}+R_{BC}+R_{CA})/3$

⑤单相设备在同一温度下与历次测量结果相比较,应无显著差别。

(2)三相电阻不平衡的可能原因

①分接开关接触不良。分接开关接触不良主要反映在一两个分接处的电阻偏大,且三相之间电阻不平衡。产生的原因主要是分接开关不清洁、电镀层脱落和弹簧压力不够等。固定在箱盖上的分接开关,有可能在箱盖紧固后,受到引线的拉力不均,造成接触不良。

②焊接不良。一般有绕组本身焊接不良或绕组与引线之间的焊接不良;以及由多股导线并绕的绕组在焊接时,出现的少数线股未焊牢或断股等。以上情况都会使绕组电阻产生不同程度偏大的误差。

③套管中的导电杆引线连接不良。

④绕组产生匝间或层间短路。

⑤三角形连接的绕组,其中一相断线,没有断线的两相,线端间的电阻为正常值的1.5倍,而断线相的线端间电阻为正常值的3倍。

星型接线和三角形接线如图3.10所示。

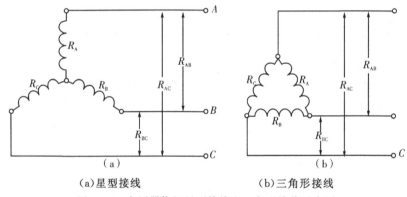

（a）星型接线　　　　　　　（b）三角形接线

图3.10　变压器绕组星型接线和三角形接线示意图

(3)三相变压器线电阻换算成相电阻的计算

当变压器绕组为三角形接线或为无中性点引出线的星形接线时,只能测得线电阻,若要知道相电阻,可以通过以下公式计算得出。

①三角形接线时其计算相电阻的公式为:

$$R_A=(R_{AB}-R_P)-\frac{R_{CA}R_{BC}}{R_{AB}-R_P}$$

$$R_B=(R_{BC}-R_P)-\frac{R_{AB}R_{CA}}{R_{BC}-R_P}$$

$$R_C=(R_{CA}-R_P)-\frac{R_{BC}R_{AB}}{R_{CA}-R_P}$$

$$R_P=\frac{R_{AB}+R_{BC}+R_{CA}}{2}$$

式中,R_A、R_B、R_C——分别为三相绕组的相电阻;

R_{AB}、R_{BC}、R_{CA}——分别 A、B、C 相邻两相之间的线电阻。

②星形连接时其计算相电阻的公式为:

$$R_A = 1/2(R_{AB} + R_{CA} - R_{BC})$$

$$R_B = 1/2(R_{AB} + R_{BC} - R_{CA})$$

$$R_C = 1/2(R_{BC} + R_{CA} - R_{AB})$$

式中，R_A、R_B、R_C——分别为三相绕组的相电阻；

R_{AB}、R_{BC}、R_{CA}——分别 A、B、C 相邻两者之间的线电阻。

技能训练模块

按照前边所学内容,对照试验指导书,完成电力变压器绕组及套管的绝缘测试项目,分组编制出安全措施和实施方案,测试结束后根据测试数据完成试验报告的编制。

电力变压器的测试项目有:

1.电力变压器绕组的绝缘电阻、吸收比测试

2.电力变压器绕组的直流泄漏电流测试

3.电力变压器绕组的介质损耗角正切值测试

4.电力变压器绕组的工频耐压测试

5.电力变压器绕组的直流电阻测试

6.电力变压器绕组的变比测试

根据电力变压器绝缘测试项目及任务要求,选择合适的测试仪器及安全工器具,小组分工制定安全措施及人员分工。

测试表 1　使用的测试仪器表

序号	仪器名称及型号	安全工器具	备注
1			
2			
3			
4			
5			
6			

测试表 2　人员分工表

序号	姓名	职责名称	工作任务	备注
1				
2				
3				
4				
5				

注:测试数据记录可以填写在附录 2 电力变压器试验数据原始记录表中。

作业与思考

1.电力变压器的作用是什么？它的结构由几部分组成？

2.测量电力变压器绕组的直流电阻使用什么仪器？它的测试原理是什么？

3.测试电力变压器绕组的绝缘电阻、吸收比使用的仪器是什么？请简要叙述测试方法。

4.使用介质损耗测试仪进行电力变压器绕组的介质损耗角正切值测试时,接线采用正接法还是反接法？请画出测试接线图。

5.使用工频耐压控制箱和试验变压器进行电力变压器绕组及套管的工频耐压试验时,短路杆需不需要拔出？为什么？

6.为什么工频耐压试验时间要设置 1min？

7.请画出工频耐压测试的测试接线。

项目四 高压开关设备测试

【项目描述】

本项目旨在对各等级变配电所内高压开关设备如真空断路器、六氟化硫断路器、高压隔离开关等进行绝缘试验和机械特性试验。通过试验方法了解高压开关设备绝缘状况及动作特性。在变电所高压电气设备交接性试验、大修及周期性试验中有非常重要的作用。

【学习目标】

1. 了解真空断路器和 SF_6(六氟化硫)断路器的绝缘结构;

2. 掌握真空断路器和 SF_6(六氟化硫)断路器的绝缘测试方法及具体步骤;

3. 牢记安全,测试前切勿乱动设备,懂得验电、接地的重要性;

4. 能看懂测试装置原理及接线图,能根据被测设备的结构和测试项目进行接线,并检查接线正确与否;

5. 掌握高压隔离开关的绝缘测试项目及测试接线;

6. 掌握高压隔离开关的动作特性测试;

7. 根据测试数据分析、判断设备缺陷类型;

8. 能正确编制测试报告。

【知识储备】

高压开关设备是电力系统中最重要的设备之一,它们担负着控制和保护电力系统安全稳定运行高压断路器出厂、安装投运前的交接测试,运行中定期测试,为了安全起见,都要对断路器绝缘及导电回路等部分进行绝缘测试和动作特性测试,目的是为了了解绝缘体的绝缘性能,判断其能否在高电压、大电流下持续工作,并且测试开关设备的动静触头能否正常分、合,为保证设备正常工作,提高电力系统的供电安全和可靠性提供保障。目前电力系统中使用的高压断路器主要有真空断路器和六氟化硫断路器。真空断路器广泛用于 10kV 高压电路,绝缘介质是真空,一般低压 220～380V 电路用空气断路器,也就是所说的空气开关,110kV 以上高压线路广泛采用六氟化硫断路器。

4.1 高压开关设备的结构及工作原理

1.高压断路器的结构

(1)真空断路器的工作原理及结构

真空灭弧室是用密封在真空中的一对触头来实现电力电路的接通与分断功能的一种电真空器件,是利用高真空作绝缘介质。当其断开一定数值的电流时,动、静触头在分离的瞬间,电流收缩到触头刚分离的某一点或某几点上,表现电极间电阻剧烈增大和温度迅速提高,直至发生电极金属的蒸发,同时形成极高的电场强度,导致剧烈的强电场发射光电子,产生了真空电弧,当工作电流接近零时,同时触头间距的增大,真空电弧的等离子体很快向四周扩散,电弧电流过零后,触头间隙的介质迅速由导电体变为绝缘体,于是电流被分断,开断结束。

真空断路器是一种灭弧介质和灭弧后触头间隙的绝缘介质都在高真空的泡内分合的断路

器,当灭弧室内被抽成10^{-4}Pa的高真空时,其绝缘强度要比绝缘油、一个大气压力下的SF_6和空气的绝缘强度高很多。目前在我国,真空断路器主要应用在35kV及以下电压等级的配电网中。

图4.1所示为真空断路器的正面结构图。

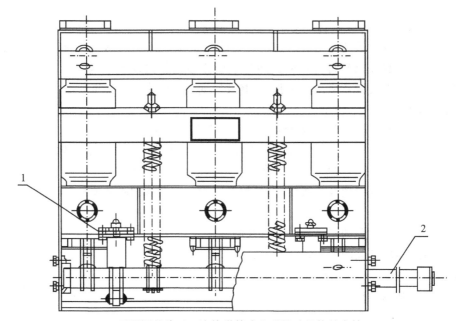

1—开距调整片;2—连接弹簧或电磁操动机构的大轴

图4.1 真空断路器结构图(正面)

(2)真空断路器的各部分组成

①基本组成元件及作用

- 支架:安装各功能组件的架体。
- 真空灭弧室:实现电路的关合与开断功能的熄弧元件。
- 导电回路:与灭弧室的动端及静端连接构成电流通道。
- 传动机构:把操动机构的运动传输至灭弧室,实现灭弧室的合、分闸操作。
- 绝缘支撑:绝缘支持件将各功能元件,架接起来满足断路器的绝缘要求。
- 操动机构:断路器合、分闸的动力驱动装置

如图4.2所示为真空断路器侧面结构图。

②真空灭弧室

真空灭弧室是真空断路器中最重要的部件。真空灭弧室的外壳是由绝缘筒、两端的金属盖板和波纹管所组成的密封容器。灭弧室内有一对触头,静触头焊接在静导电杆上,动触头焊接在动导电杆上,动导电杆在中部与波纹管的一个断口焊在一起,波纹管的另一端口与动端盖的中孔焊接,动导电杆从中孔穿出外壳。由于波纹管可以在轴向上自由伸缩,故这种结构既能实现在灭弧室外带动动触头作分合运动,又能保证真空外壳的密封性。如图4.3所示为真空灭弧室的结构图。

- 外壳:整个外壳通常由绝缘材料和金属组成。对外壳的要求首先是气密封性要好;其次

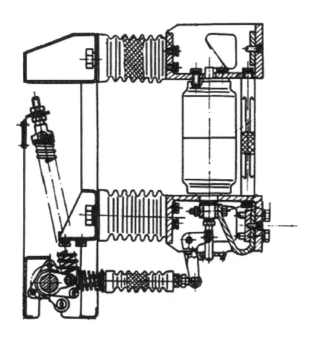

图 4.2　真空断路器结构图(侧面)

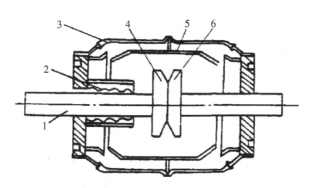

1—动触杆;2—波纹管;3—外壳;4—动触头;5—屏蔽罩;6—静触头

图 4.3　真空灭弧室的原理结构

是要有一定的机械强度;再是有良好的绝缘性能。

· 波纹管:波纹管既要保证灭弧室完全密封,又要在灭弧室外部操动时使触头作分合运动,允许伸缩量决定了灭弧室所能获得的触头最大开距。

· 屏蔽罩:触头周围的屏蔽罩主要是用来吸附燃弧时触头上蒸发的金属蒸气,防止绝缘外壳因金属蒸气的污染而引起绝缘强度降低和绝缘破坏,同时,也有利于熄弧后弧隙介质强度的迅速恢复。在波纹管外面用屏蔽罩,可使波纹管免遭金属蒸气的烧损。

· 导电系统:定导电杆、定跑弧面、定触头、动触头、动跑弧面、动导电杆构成了灭弧室的导电系统。其中定导电杆、定跑弧面、定触头合称定电极,动触头、动跑弧面、动导电杆合称动电极,由真空灭弧室组装成的真空断路器合闸时,操动机构通过动导电杆的运动,使两触头闭合,完成了电路的接通。

• 触头：触头结构对灭弧室的开断能力有很大影响。采用不同结构触头产生的灭弧效果有所不同,早期采用简单的圆柱形触头,结构虽简单,但开断能力不能满足断路器的要求,仅能开断 10kA 以下电流。目前,常采用的有螺旋槽型结构触头、带斜槽杯状结构触头和纵磁场杯状结构触头三种,其中以采用纵磁场杯状结构触头为主。

(3)真空断路器的检修与维护

对真空断路器应每年进行一次停电检查维护,以保证正常运行。正常的年检应做好如下工作：

①灭弧室应进行断口工频耐压试验,并予记录。对耐压不好或真空度较低的管子应及时更换。

②抹净绝缘件,对绝缘件应作工频耐压试验,绝缘不好的绝缘件应立即更换。

③对真空断路器的开距、接触行程应测量记录在册,如有变化应找出原因处理(如可能是连接件松动或机械磨损等原因),有条件的应对断路器测试机械特性并记录。对机械特性参数变化较大的应找出原因并及时调整处理。

④对各连接件的可调整处的连接螺栓、螺母等应检查有否松动,特别是辅助开关拐臂处的连接小螺钉、灭弧室动导电杆连接的锁紧螺母等应检查有否松动。

⑤对各转动关节处应检查各种卡簧、销子等有否松脱,并对各转动、滑动部分加润滑油脂。

⑥对使用时电流大于 1600A 以上的真空断路器,应对每极作直流电阻测量,记录在册,发现电阻值变大的应检查原因并排除。

⑦如需更换灭弧室应按产品说明书的要求进行,更换后应进行机械特性的测试和耐压试验。

⑧年检后,在投运前应连续空载操作 8～10 次,检查应动作正常,无异常声音,无异常晃动,合、分闸线圈无发热等后方可投入运行。

2. 六氟化硫断路器的作用及结构

(1)SF_6 断路器的作用

六氟化硫断路器是利用六氟化硫(SF_6)气体作为灭弧介质和绝缘介质的一种断路器。简称 SF_6 断路器。六氟化硫断路器是利用 SF_6 气体为绝缘介质和灭弧介质的无油化开关设备,其绝缘性能和灭弧特性都大大高于油断路器,由于其价格较高,且对 SF_6 气体的应用、管理、运行都有较高要求,故在中压(35、10kV)应用还不够广,主要应用于比较高端的场合。

六氟化硫用作断路器中的灭弧介质始于 20 世纪 50 年代初。由于这种气体的优异特性,使这种断路器单断口在电压和电流参数方面大大高于压缩空气断路器和少油断路器,并且不需要高的气压和相当多的串联断口数。在 60～70 年代,SF_6 断路器已广泛用于超高压大容量电力系统中。80 年代初已研制成功 363kV 单断口、550kV 双断口和额定开断电流达 80、100kA 的 SF_6 断路器。

(2)SF_6 气体的特点

SF_6 气体比空气重 5.135 倍,一个大气压时,其沸点为 60℃。在 150℃ 以下时,SF_6 有良好的化学惰性,不与断路器中常用的金属、塑料及其他材料发生化学作用。在大功率电弧引起的高温下分解成各种不同成分时,电弧熄灭后的极短时间内又会重新合成。SF_6 中没有碳元素,没有空气存在,可避免触头氧化。SF_6 的介电强度很高,且随压力的增高而增长。在 1 个大气压下,SF_6的介电强度约等于空气的$2\sim3$倍。绝对压力为3个大气压时,SF_6的介电强度可达到或超过常用的绝缘油。SF_6灭弧性能好,在一个简单开断的灭弧室中,其灭弧能力比空气大100倍。在SF_6中,当电弧电流接近零时,仅在直径很小的弧柱心上有很高的温度,而其周围是非导电层。这样,电流过零后,电弧间隙介电强度将很快恢复。SF_6是目前高压电器中使用的最优良的灭弧和绝缘介质。它无色、无味、无毒,不会燃烧,化学性能稳定,常温下与其他材料不会产生化学反应。

SF_6由卤族元素中最活泼的氟原子与硫原子结合而成。分子结构是个完全对称的八面体,硫原子居中,六个角上是氟原子,氟与硫原子间以共价键联结,SF_6分子量为146,约是空气分子量的5.1倍,因此同样体积的SF_6气体比空气重得多。迄今为止,工业上普遍采用的制造方法是将单质硫和过量气态氟直接化合。

(3)灭弧室分类及灭弧原理

①灭弧室分类

a.双压式灭弧室。它的灭弧室有两个压力系统,一个为压力约$0.3\sim0.6$MPa的压力系统(主要用于内间的绝缘),另一个为压力一般约$1.4\sim1.6$MPa的高压系统(用于灭弧)。

b.单压式断路器中,只充有一种压力($0.3\sim0.6$MPa)的SF_6气体,在分段过程中,电弧靠开断时与触头同时运动的压气活塞形成高压力SF_6气流来灭弧。目前一般采用单压式,而双压式结构工艺复杂,现已被淘汰。

②单压式灭弧室结构及原理

a.灭弧室结构:单压式灭弧室又称压气式灭弧室,它只有一个气压系统,即常态时只有单一的SF_6气体。灭弧室的可动部分带有压气装置,分闸过程中,压气缸与触头同时运动,将压气室内的气体压缩。触头分离后,电弧即受到高速气流吹动而熄灭。

b.灭弧原理:分闸时,操动机构通过拉杆使动触头、动弧触头、绝缘喷嘴和压气缸运动,在压力活塞与压气缸之间产生压力;当动静触头与分离触头间产生电弧,同时压气缸内SF_6气体在压力作用下,使电弧熄灭;当电弧熄灭后,触头在分闸位置。单压式SF_6断路器又被分为定开距SF_6断路器和变开距SF_6断路器。

3. 隔离开关的作用及原理结构

隔离开关是高压开关电器中使用最多的一种电器,顾名思义,是在电路中起隔离作用的。它本身的工作原理及结构比较简单,但是由于使用量大,工作可靠性要求高,对变电所、电厂的设计、建立和安全运行的影响均较大。刀闸的主要特点是无灭弧能力,只能在没有负荷电流的情况下分、合电路。

隔离开关即在分位置时,触头间有符合规定要求的绝缘距离和明显的断开标志;在合位置时,能承载正常回路条件下的电流及在规定时间内异常条件(例如短路)下的电流的开关设备。

相对于刀开关,隔离开关还是存在一定的优越性,但也有不足,因此目前逐步被自动空气开关所取代。国内由于使用场合的复杂性,彻底更换存在严重困难,因此隔离开关目前的使用仍然相当广泛,目前隔离开关的作用主要体现在两个方面:

(1)隔离电源,保证安全

隔离开关的主要用途是保证检修装置时工作的安全。在需要检修的部分和其他带电部分之间,用隔离开关构成足够大的明显可见的空气绝缘间隔。隔离开关的断口在任何状态下都不能发生火花放电,因此它的断口耐压一般比其对地绝缘的耐压高出$10\%\sim15\%$。必要时应在隔离开关上附设接地刀闸,供检修时接地用。

(2)倒闸操作

倒闸操作即用隔离开关将电气设备或线路从一组母线切换到另一组母线上。

断路器与隔离开关间的操作顺序如下:保证隔离开关"先通后断"(在等电位状态下,隔离开关也可以单独操作),这种断路器与隔离开关间的操作顺序必须严格遵守,绝不能带负荷拉刀闸(即隔离开关),否则将造成误操作,产生电弧而导致严重的后果。

隔离开关主要用来将高压配电装置中需要停电的部分与带电部分可靠地隔离,以保证检修工作的安全。隔离开关的触头全部敞露在空气中,具有明显的断开点,隔离开关没有灭弧装置,因此不能用来切断负荷电流或短路电流,否则在高电压作用下,断开点将产生强烈电弧,并很难自行熄灭,甚至可能造成飞弧(相对地或相间短路),烧损设备,危及人身安全,这就是所谓"带负荷拉隔离开关"的严重事故。隔离开关还可以用来进行某些电路的切换操作,以改变系统的运行方式。例如:在双母线电路中,可以用隔离开关将运行中的电路从一条母线切换到另一条母线上。同时,也可以用来操作一些小电流的电路。

4.2 高压断路器的绝缘试验

1.绝缘电阻的测试

测量绝缘电阻是所有类型高压断路器的基本测试项目,对于不同类型的断路器有不同的要求,使用不同电压等级的兆欧表。

(1)真空断路器绝缘电阻的测试

真空断路器的绝缘部件有套管、真空灭弧室等,测量目的主要是检查套管对地的绝缘强度,通过该项目能较灵敏地发现绝缘是否受潮、有裂纹、表面积灰、有电弧灼烧等贯通性缺陷,对引出线套管的绝缘缺陷也能检查出来。测试方法同项目一绝缘电阻测试的方法。

①主要测量支持瓷套、拉杆等一次回路对地的绝缘电阻,一般使用 2500V 的兆欧表,绝缘电阻测试值应大于 5000MΩ。

②辅助回路和控制回路的绝缘电阻测试

首先应做好必要的安全措施,然后使用 500V(或 1000V)的兆欧表进行测试,其值应大于 2MΩ。对于 500kV 断路器应用 10000V 兆欧表测量,其值应大于 2MΩ。

③测量分、合闸线圈及合闸接触器线圈的绝缘电阻值,使用兆欧表,测得的绝缘电阻值不得低于 10MΩ。

(2)SF$_6$ 断路器绝缘电阻的测试

对六氟化硫断路器,主要测量支持瓷套、拉杆等一次回路对地绝缘电阻,一般使用 2500V 的兆欧表,其值应大于 5000MΩ。

辅助回路和控制回路的绝缘电阻测量,其值应大于 2MΩ。对于 500kV 断路器应用 10000V 兆欧表测量,其值应大于 2MΩ。

分、合闸线圈及合闸接触器的绝缘电阻值,不应低于 10MΩ。整体绝缘电阻值参照制造厂的规定。

根据被测试设备绝缘电阻值的大小可以初步判定其绝缘受潮情况、清洁度、绝缘性能,可以预知设备绝缘缺陷的程度及种类。

根据吸收比的大小可以判断不同型式断路器的受潮情况和绝缘缺陷发展状况。

表 4.1　绝缘拉杆的绝缘电阻标准

额定电压/kV	3～15	20～35	63～220	330～500
绝缘电阻值/MΩ	1200	3000	6000	10000

（3）试验方法

①第一部分:断路器相间绝缘电阻的测试

a.把被测断路器引出导电杆套管擦拭干净,检查导电杆部分应无其他连线。

b.将兆欧表量程选定为 2500V。

c.合上断路器主回路,分别用裸线将断路器进、出线侧 A 相的 A－A_1 短接;再将 B 相的 B－B_1、C 相的 C－C_1 端子短接;再将 B、C 两相连接断路器外壳后接地。

d.将兆欧表 L 端与断路器套管引出线 A 相的 A－A_1 连接。

e.将兆欧表 E 端与断路器外壳(或其等电位点)连接。

f.接通测试电源,电源指示灯亮。

g.等待约 60s,读取测试值并做记录,此时的读数为断路器 A 相对 B、C 相及外壳的绝缘电阻。

h.关闭测试电源,电源指示灯灭。

i.测试 B 相对 A、C 相及外壳的绝缘电阻、C 相对 A、B 相及外壳的绝缘电阻的方法同上述 b～g 步骤类似。

j.以上方法及接线图适用于多油断路器、少油断路器、真空断路器、六氟化硫等断路器的绝缘电阻测试。

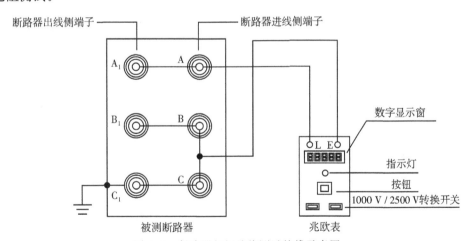

图 4.4　断路器相间绝缘测试接线示意图

②第二部分:断路器断口间绝缘电阻的测试

a.把被测断路器引出导电杆套管擦拭干净,检查导电杆部分无其他连线。

b.将兆欧表量程选定为 2500V。

c.分开断路器主回路,用裸导线将断路器进线侧 A、B、C 短接,再将断路器出线侧端子 A_1、B_1、C_1 相短接。

d.将兆欧表 L 端接断路器套管进线端子 A、B、C 的连线(或其等电位点)。

e.将兆欧表 E 端接断路器套管出线端子 A_1、B_1、C_1 的连线(或其等电位点)。

f.接通测试电源,电源指示灯亮。

g.等待 60s,读取测试值并做记录,此时的读数为断路器断口间 A、B、C 与 A_1、B_1、C_1 之间的绝缘电阻。

h.关闭测试电源,电源指示灯灭。

i.以上方法及接线图适用于多油断路器、少油断路器、真空断路器、六氟化硫等多种断路器的绝缘电阻测试。

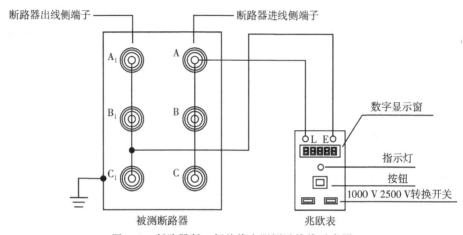

图 4.5　断路器断口间绝缘电阻测试接线示意图

(4)注意事项

①对于断路器的绝缘电阻测试,首先应使绝缘油放置量、气体充加压力、真空度等满足要求,对于多油断路器其引出线套管内的空气应排泄干净。

②若断路器上的作业属高空作业,操作时应系安全带。

③一般情况下,断路器上部的空间都比较小,所以,在断路器上部操作时要特别注意,不能使工器具碰撞断路器瓷件和油位玻璃管等易损部件。

④按照上述示意图接线测试时,当某一相对其余两相间的绝缘电阻不能满足要求时,应首先将相应短接线解开,逐相进行检测、分析判断原因。

⑤测量绝缘电阻值应符合下列规定:

a.整体绝缘电阻值测量,应参照制造厂规定;

b.绝缘拉杆的绝缘电阻值,在常温下不应低于绝缘拉杆的绝缘电阻标准的规定。

2.泄漏电流测试

泄漏电流测试是真空断路器和六氟化硫断路器的重要测试项目之一,它较能准确地反映断路器瓷套外表危及绝缘的严重污秽;绝缘拉杆受潮、灭弧室受潮等多种缺陷。对油断路器和真空断路器及六氟化硫断路器等,在分闸状态下按图 4.6 所示的接线方式进行加压试验。进线端接地,试验电压加在中间三角箱处。

测试中需注意:

①适当采用较大线径的多股绝缘软铜线或屏蔽线作引线,尽量短,以减少杂散电流的影响;

②引线连接处,选用光滑无棱角的铜球进行连接,以减少电晕损失带来的影响。

③在测试中升压速度要均匀,不能忽快忽慢。对稳压电容要充分放电,并使每次放电时间大致相等。

(1)试验方法

①先用干燥清洁的软布擦去高压套管表面的污垢并检查套管有无裂纹及掉瓷情况。

②把仪表、仪器、操作台、倍压装置放至平稳可靠的地方进行试验。

③合上断路器主回路,分别用裸线将断路器进、出线侧 A－A_1、B－B_1、C－C_1 分别短接;再将 B－B_1、C－C_1 进行短接,并连接断路器外壳后接地。

④连接倍压装置与控制操作箱之间的电缆,接上 220V 交流电源。

⑤根据被试断路器的电压等级,调整过电压整定值至需要的数值。

⑥按下电源按钮,绿灯亮。

⑦按下高压按钮,红灯亮。

⑧均匀升压至额定试验电压(110kV 系统为 40kV、35kV 系统为 20kV),一般情况下持续时间 60s 后,迅速读取泄漏电流值并记录。

⑨速均匀降压至零,按下停止按钮,红灯灭,绿灯亮。

⑩关闭电源开关,绿灯灭。断开 220 伏交流电源,对被试设备进行充分放电。

⑪以上方法及接线图适用于其他种类断路器的直流泄漏电流测试,多油断路器、真空断路器、六氟化硫断路器通常不作直流泄漏电流测试。

(2)注意事项

①现场试验时因地形受限,仪器尽量放置在宽敞、安全可靠的地方,倍压筒应放置稳妥可靠。

②检查测试设备和被测断路器外壳和非加压部分接地良好后,方可利用该仪器进行试验。

③根据不同设备正确选择测试电压等级,并利用粗调旋钮和细调旋钮选择所需电压。

④测试过程中如遇危及安全的特殊情况时,可紧急关闭总电源;仪器启动后,除特殊情况外,不允许突然关断电源,以免引起过压损坏设备。

⑤断开面板上电源开关,并断开 220V 试验电源且要有明显断开点,才能进行更改接线或结束工作。

⑥为保证测量精度,一定要保证被试设备高、低压端绝缘良好,在相对湿度较小的环境中测量,否则将产生有较大的测量误差。

⑦应注意高压引线的绝缘距离及人员安全。

⑧仪器应可靠接地,接地不好可能引起机器保护或造成危险。

⑨35kV 以上少油断路器的支柱瓷套连同绝缘拉杆,以及灭弧室每个断口的直流泄漏电流试验电压应为 40kV,并在高压侧读取 1min 时的泄漏电流值,测得的泄漏电流值不应大于 $10\mu A$;220kV 及以上的,泄漏电流值不宜大于 $5\mu A$(空气及磁吹断路器的支柱瓷套和灭弧室每个断口的泄漏电流值也执行该要求)。

3. 交流耐压测试

断路器的交流耐压测试是鉴定断路器绝缘强度最有效和最直接的测试项目。交流耐压测试必须是在其他绝缘测试项目合格后才能进行。气体断路器应在最低允许气压下进行试验,才容易发现内部绝缘缺陷。

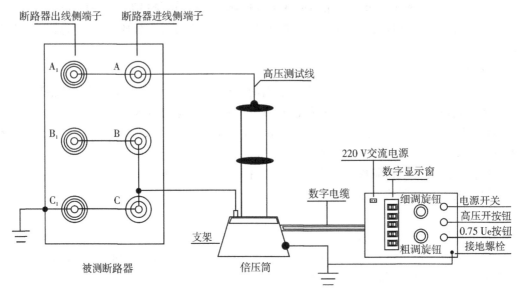

图 4.6 测量 35kV 以上少油断路器的直流泄漏电流接线示意图

交流耐压试验应在断路器分、合闸状态下分别进行。对于 12～40.5kV 电压等级的和三相共箱式的断路器还应做相间耐压试验,其试验电压值与对地耐压时相同。耐压试验中,试品未发生闪络、击穿,耐压后不发热,认为耐压试验合格。

(1)真空断路器的交流耐压试验

应在断路器合闸及分闸状态下进行交流耐压试验。当在合闸状态下进行时,测试电压应符合表 4.2 所列的规定。

当在分闸状态下进行时,真空灭弧室断口间的试验电压应按产品技术条件的规定,测试中不应发生贯穿性放电。

(2)SF_6 断路器的交流耐压测试

①应在 SF_6 气压为额定值时进行。测试电压按出厂试验电压的 80%。

②110kV 以下电压等级应进行合闸对地和断口间耐压试验。

③罐式断路器应进行合闸对地和断口间耐压试验。

表 4.2 断路器的交流耐压试验标准

额定电压 /kV	最高工作电压 /kV	1min 工频耐受电压(kV)有效值			
		相对地	相间	断路器断口	隔离断口
3	3.6	25	25	25	27
6	7.2	32	32	32	36
10	12	42	42	42	49
35	40.5	95	95	95	118
66	72.5	155	155	155	197
110	126	200	200	200	225
		230	230	230	265
220	252	360	360	360	415
		395	395	395	395

（3）测试方法

断路器的交流耐压测试接线图如图 4.7 所示。测试步骤及方法如下：

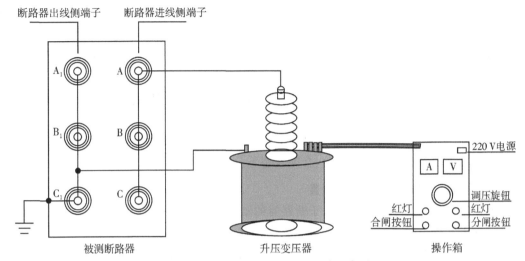

图 4.7　断路器交流耐压试验接线示意图

①先用干燥清洁的软布擦去高压套管表面的污垢，检查套管有无裂纹及掉瓷情况，瓷套管内的气体是否排放干净。

②把仪表、仪器、操作台、升压变压器放置于平稳可靠的地方进行试验。

③合上断路器主回路，分别用裸线将断路器进、出线侧 A、B、C 和 A_1、B_1、C_1 分别短接。

④将试验变压器的高压输出导线接至被测断路器的进线侧 A 相（或其等电位点），此时应注意高压输出导线对周边物体及地的安全距离必须满足要求。

⑤将被测断路器的外壳与接地端子连接后接地。

⑥检查遮拦设置是否完好，无关人员是否退出警戒线以外。

⑦接入符合测试设备的工作电源，电源指示绿灯亮；根据试验电流大小，调整操作箱电流继电器整定值。

⑧检查并调整操作箱上电压的旋柄到零位；按下启动按钮，红灯亮绿灯灭。

⑨开始升压，升压时在 1/3 试验电压以下可以稍快一些，其后升压要均匀，约以 3% 试验电压/s 升压，或升至额定试验电压的时间为 10～15s。

⑩根据规程要求一般情况下加至额定电压停留 60s。记录测试结果。

⑪迅速均匀的将电压降至零伏。关闭试验电源，用放电棒对被试断路器充分放电。

⑫上述方法是断路器三相断口间交流耐压试验同时进行的方法，当耐压不能满足要求时，应当逐相进行测试、分析判断原因。

⑬断路器相间及相对地的交流耐压测试方法和上述方法类同，在此不再赘述。

⑭以上方法适用于多油断路器、少油断路器、真空断路器、六氟化硫等断路器的交流耐压试验。

（4）注意事项

①为了预防试验变压器高压引出点到被试品间，高压输出线所产生的容升电压误差，现场

试验中应在被试品高压接入点并联接入阻容分压器,以准确监视实际所施加的试验电压值。当阻容分压器的监测电压与操作箱上电压表的监测电压值存在差异时,应以阻容分压器所监测电压为准。

②断路器交流耐压试验,主要是根据试验仪表的指示、被试断路器内有无放电声和冒烟冒气等异常情况进行判断。

③在试验过程中,升压时应注意升压速度;表计指针稳定、不左右摆动、被试变压器无放电声,则认为试验通过。

④一般情况下,若出现电流突然上升或操作箱因过电流继电器动作而跳闸,则认为被试品可能已被击穿。

⑤试验中,当测量试验电压的表计读数突然明显下降时,则认为被试品的绝缘被击穿。

⑥断路器的交流耐压试验应在分、合闸状态下分别进行。

4. 高压断路器导电回路电阻的测量

断路器导电回路的电阻主要取决于断路器的动、静触头间的接触电阻,接触电阻又由收缩电阻和表面电阻两部分组成。由于两个导体接触时,因其表面非绝对的光滑、平坦,只能在其表面的一些点上接触,使导体中的电流线在这些接触点处剧烈收缩,实际接触面积大大缩小,而使电阻增加,此原因引起的接触电阻称为收缩电阻。另由于各导体的接触面因氧化、硫化等各种原因会存在一层薄膜,该膜使接触过渡区域的电阻增大,此原因引起的接触电阻称为表面电阻。接触电阻的存在,增加了导体在通电时的损耗,使接触处的温度升高,其值的大小直接影响工作时的载流能力,在一定程度上影响短路电流的切断能力,也是反映安装检修质量的重要数据。

断路器导电回路电阻的测量,是在断路器处于合闸状态下进行的,其测量接线如图 4.8 所示。它是采用直流电压降法进行测量。测量方法如下:在被测回路中,通以直流电流时,在回路接触电阻上将产生电压降,测出通过回路的电流值及被测回路上的电压降,根据欧姆定律计算出接触电阻。测量中有几点需要注意:

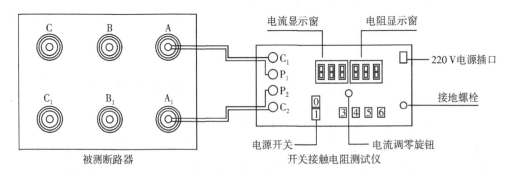

图 4.8　测量断路器每相导电回路的电阻接线示意图

①回路通入的直流电流值不小于 100A;

②测量应选用反映平均值的仪表,测量表计等的精度不低于 0.5 级;

③毫安表接在被测回路端内侧,在电源回路接通后再接入,并防止测量中断路器突然分闸或测量回路突然开断损坏毫安表。

(1)试验方法

①用干燥清洁的软布擦去高压套管表面的污垢。

②将仪器放置平整,选择在宽敞、稳妥、安全可靠的地方进行试验。

③接入仪器工作电源,进行正确试验接线,检查调整旋钮应该在零位。

④关闭仪器本体上的电源开关。

⑤合上断路器主回路。

⑥将两个测试导线的夹子分别夹在断路器的 A 和 A_1 端子上。

⑦按下电源开关,红灯亮。

⑧逐渐调整电流上升至100A,记录电阻值。

⑨迅速转动调整旋钮使电流值回零后关机。

⑩测试 B、C 相导电回路电阻的步骤与上述⑤至⑨类同。

⑪以上方法及接线图适用于多油断路器、少油断路器、真空断路器、六氟化硫等断路器的导电回路的电阻测试。

(2)注意事项

①测试前应将断路器分、合 3 至 5 次,使断路器动、静触头之间的氧化层减少,以达到更好的测试效果。

②如对测试结果产生怀疑,应对断路器的回路电阻多做几次测试,取分散性较小的 3 次数据的平均值。

③在两测试夹形成回路时,禁止让大电流长时间通过,否则会损坏设备;当电流升至100A时,应迅速读取测试结果并迅速将电流降到 0。

④测试时应采用电流不小于 100A 的直流压降法测量,电阻值应符合产品技术条件的规定。

⑤对于主触头与灭弧触头并联的断路器,应分别测量其主触头和灭弧触头导电回路的电阻值。

4.3　高压隔离开关绝缘试验

高压隔离开关在电力系统中主要起接通或断开负载电路,它与断路器的区别是断路器有灭弧装置,而隔离开关没有灭弧装置,但是在分断电路时有明显的断口。高压隔离开关的绝缘试验主要包括测量绝缘电阻和交流耐压试验。

1. 测量绝缘电阻

高压隔离开关的绝缘电阻测试方法同断路器。对于三相联动的户外式高压隔离开关,在测试绝缘电阻时要分相单独测试,用 2500V 的兆欧表。测试方法及接线参照前边所述内容。将每一相测得的数值记录在相应表格内,并测出 R_{15} 和 R_{60},据此计算出吸收比。对照绝缘电阻值标准表的数据,对隔离开关的主体绝缘状况进行判断。

测试方法如下所述:

(1)第一部分:隔离开关相间绝缘电阻的测试

①把被测隔离开关(负荷开关)绝缘支柱擦拭干净。

②将兆欧表量程选定为 2500V。

③合上隔离开关(负荷开关),分别用裸线将进、出线侧 $A-A_1$,$B-B_1$,$C-C_1$ 短接;再将高压侧端子 $B-B_1$ 和 $C-C_1$ 短接并连接底座后接地。

④将兆欧表 L 端接隔离开关(负荷开关)$A-A_1$ 端子。

⑤接通测试电源,电源指示灯亮。

⑥等待约 60s,读取测试值并做记录,此时的读数为隔离开关(负荷开关)A 相对 B、C 相及底座的绝缘电阻。

⑦关闭测试电源,电源指示灯灭。

⑧测试 B 相对 A、C 相及底座的绝缘电阻以及 C 相对 A、B 相及底座的绝缘电阻同上②至⑦步骤类同。

⑨按照示意图接线测试时,当某一相对其余两相间的绝缘电阻不能满足要求时,应首先将相应短接线解开,逐相进行检测、分析判断原因。测试接线如图 4.9 所示。

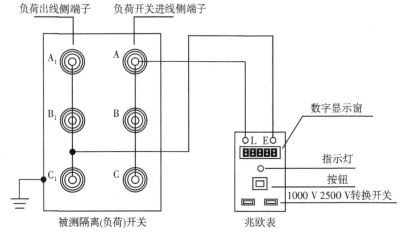

图 4.9　隔离开关(负荷开关)绝缘测试接线示意图

(2)第二部分:隔离开关(负荷开关)断口间绝缘电阻的测试

①分开隔离开关(负荷开关)主回路,用裸导线将隔离开关(负荷开关)进线侧 A、B、C 短接,再将隔离开关(负荷开关)出线侧端子 A_1、B_1、C_1 短接并接入兆欧表 E 端。

②将兆欧表 L 端接隔离开关(负荷开关)进线端子 $A-B-C$ 连接后等电位点。

③将兆欧表量程选定为 2500V。

④接通测试电源,电源指示灯亮。

⑤等待约 60s,读取测试值并做记录,此时的读数为隔离开关(负荷开关)三相断口间 A、B、C 对 A_1、B_1、C_1 的绝缘电阻值。

⑥关闭测试电源,电源指示灯灭。

⑦按照图 4.7 所示接线测试时,当绝缘电阻不能满足要求时,应首先将相应短接线解开,逐项进行检测、分析判断原因。

隔离开关绝缘电阻测试记录入表 4.3 中。

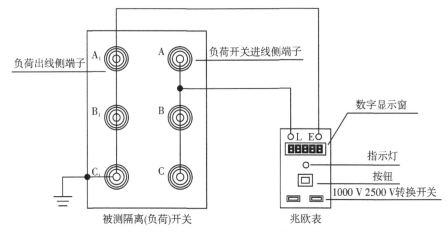

图 4.10　隔离开关(负荷开关)断口间绝缘测试接线示意图

表 4.3　隔离开关绝缘电阻测试记录表　　　　　　(环境温度：＿＿℃)

序号	A 相对地/MΩ	吸收比	B 相对地/MΩ	吸收比	C 相对地/MΩ	吸收比
1						
2						
3						
4						
5						

2. 交流耐压测试

隔离开关的交流耐压试验必须在绝缘电阻测试合格后方可进行。对于高压户外式隔离开关,进行交流耐压测试时,应分别测试三相主触头对地的交流耐压值。将测试结果与出厂数据进行比较。判断设备的缺陷发展状况。

对于电动操纵隔离开关,应测试箱体内三相连接线的绝缘电阻及交流耐压数据,还要测试三相对地和外壳的交流耐压值。将测试结果与标准值进行比较,判断开关触头的绝缘状况。

图 4.11 为隔离开关交流耐压试验线图。

4.4　高压断路器的动作特性试验

高压断路器对牵引供电系统起着控制、保护及安全隔离的作用。它应满足牵引供电系统对其的基本要求:其有可靠地分合性能;其有足够的开断容量;能长期通过额定负载电流;能承受短路电流的电动力效应和热效应的作用;能快速地断开短路故障等。

高压断路器的分、合闸速度,分、合闸时间,分、合闸不同期程度,以及分、合闸线圈的动作电压,直接影响断路器的关合和开断性能。断路器只有保证适当的分、合闸速度,才能发挥其开断电流的能力,以及减小合闸过程中预击穿造成的触头电磨损及避免发生触头烧坏,甚至发生爆炸事故,造成变电所停电,影响电力系统供电的可靠性及安全性。

断路器分、合闸不同期,将造成线路或变压器的非全相接入或断开,会产生瞬间升高的过

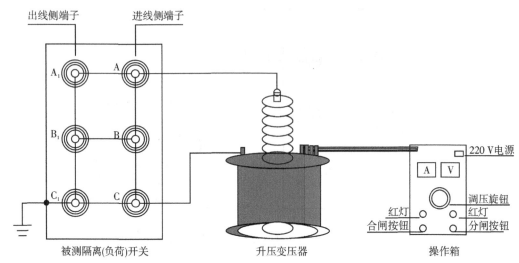

图 4.11　隔离开关交流耐压试验接线示意图

电压,对绝缘造成极大的危害。根据以上要求,高压断路器在安装完毕后,除应检查其绝缘性能外,还应做以下特性试验:

①导电回路直流电阻试验;

②分合闸时间特性试验;

③操作机构性能试验;

④操作试验。

1.部分时间参量的定义

(1)分闸时间

分闸时间是指从断路器分闸操作起始瞬间(接到分闸指令瞬间)起到所有极的触头分离瞬间为止的时间间隔。应具有很短的分闸时间,减少分闸时电弧的能量,防止电弧长时间燃烧将触头熔化。

(2)合闸时间

合闸时间是指处于分闸状态的断路器,从合闸回路通电起到所有极触头都接触瞬间为止的时间间隔。合闸时间必须在规定的时间范围内完成。

(3)分—合闸时间

分—合闸时间是指断路器在自动重合闸时,从所有极触头分离瞬间起至首先接触极接触瞬间为止的时间间隔。

(4)合—分闸时间

合—分闸时间是指断路器在不成功重合闸的合分过程中或单独合分过程中,从首先接触极的触头接触瞬间起到随后的分操作时所有极触头均分离瞬间为止的时间间隔。

(5)分、合闸操作同期性

分、合闸操作同期性是指断路器在分闸和合闸操作时,三相分断和接触瞬间的时间差,以及同相各灭弧单元触头分断和接触瞬间的时间差,前者称为相间同期性,后者称为同相各断口间同期性。

2. 测量断路器时间参量的方法

在断路器的现场测试中,一般应进行分闸时间、合闸时间以及分、合闸操作同期性的测量。

(1)用电秒表测量时间

电秒表具有测量简单、使用方便等优点。但是电秒表难以精确测量相间或断口间不同期性,已逐渐被取代。

(2)光线示波器测量时间

使用光线示波器可以测量断路器分、合闸时间,同期差及分、合闸电磁铁的动作情况。

3. 断路器速度参量的定义

(1)速度刚分速度

开关分闸过程中,动触头与静触头分离瞬间的运动速度。国家标准推荐取刚分后 0.01s 内平均速度作为刚分点的瞬时速度。

(2)触头刚合速度

开关在合闸过程中,动触头与静触头接触瞬间的运动速度。一般以刚合前 0.01s 内平均速度作为刚合点的瞬时速度。

(3)最大分闸速度

开关分闸过程中区段平均速度的最大值。区段长度如没有特殊规定一般以 0.01s 计算。

4. 测量断路器动作特性的方法

测量断路器的速度参量主要是以其分、合闸速度来表示。由于断路器在分、合闸整个过程中每一瞬间的速度大小方向是不同的,一般测量的是断路器的刚分、刚合速度和最大速度。常用的测量断路器运动特性的方法有电磁振荡器测速法、电位器式测速仪以及高压开关综合测速仪。随着计算机技术的不断发展,人们将计算机与开关测试技术结合起来,研制出高压开关综合测试仪。在测试中,高压开关测试仪能够将开关的时间、速度等动作特性参数同时进行测量,提高了工作效率。它主要应用光电测速原理。现将高压开关测试仪的原理介绍如下。

高压开关测试仪采用光电传感器进行测速。光电测试是利用对检测到的光信号进行计数来实现对触头行程和速度的测量的。

(1)真空断路器的测试

真空断路器的时间特性测试方法与其他断路器相同。对于真空断路器,应注意其合闸弹跳时间不大于 20ms。合闸弹跳时间过长,将加剧触头的烧损,甚至导致动静触头间的熔焊。真空断路器的速度是按一定行程的平均值进行测试,通常采用一特制的辅助触点安装在真空断路器的动触头端,利用其与真空断路器的动触头的接触或分离来作为计时的起点或终点。

(2)SF₆ 断路器的测试

由于 SF₆ 断路器灭弧室不能打开,不能直接对动触头进行测试,通常是对 SF₆ 断路器机构的可动部分进行测速。当对 SF₆ 断路器测速时,可根据断路器的具体结构,将传感头固定在适当位置,并将光栅尺通过某种方式与断路器的运动部分连接,即可实现测速。

①导电回路直流电阻试验。

断路器的导电回路在正常运行时流过额定电流,产生的热量应在产品技术条件规定的允许限度之内。当由于断路器触头接触不良而导致触头接触电阻增大以及整个导电回路电阻增大时,可引起接触不良部位局部发热,温度升高,尤其当断路器通过较大的短路电流时,有可能使触头烧毁而使断路器拒动,造成事故。因此断路器在安装调整工作结束后,应进行每相导电回路直流电阻的测试。

断路器导电回路的直流电阻值应符合制造成厂的有关标准。

a.试验方法:

电桥法使用设备简单、试验操作方法方便,施工现场一般都采用这种测试方法。

直流双臂电桥,测试范围和精度可以满足断路器导电回路直流电阻测试的需要,使用时按电桥说明书操作即可。

b.导电回路直流电阻测试仪。按仪器使用说明书操作。

②分合闸时间特性试验。

断路器的分合闸时间关系到能否迅速切除供电系统故障和迅速恢复供电,特别是分闸时间直接影响断路器的灭弧性能,故分合闸时间特性试验是断路器的主要试验项目之一。

分合闸时间特性试验应在断路器安装及调整工作全部结束,并有可靠的操作电压时进行。

试验的主要内容为,测试断路器的合闸时间及固有分闸时间;对三相断路器应同时检查三相动作时间差(同期性检查)。

③试验中的注意事项

a.断路器的分合闸时间,随操作电压的高低而变化,因此在试验时,均应在断路器额定电压下进行。

b.分合闸时间均应测量三次,取三次的平均值作为测量结果。

c.分合闸时间不符合要求时,要对断路器进行必要的调整,调整一般先从机械部分着手。调整以不要使断路器内部结构发生变化为宜。

对于高速断路器,固有分闸时间很快,只有几个 ms,使用电秒表测量则不能保证测量精度,为此,可采用电子毫秒计或电磁示波器测量,也可采用专用的断路器测速仪,这种测速仪可满足高速断路器动作时间测量范围及精度要求,试验接线简单。低、中速断路器分合时间特殊性试验亦可采用此仪器,使用时,应按该仪器的说明书进行操作。

(3)断路器分、合闸时间试验方法

①第一部分:测量断路器的合闸时间

· 将仪器放置平整,选择在宽畅、稳妥、安全可靠的地方进行试验。

· 将 3 根(1 组)测试导线一端插入测试仪的 A、B、C 插孔,另一端的夹子对称的夹在断路器的进线侧 A、B、C 端子上。

· 将另 3 根(1 组)测试导线一端同时插入测试仪的公共端子插孔,另一端的夹子夹在断路器的出线侧 A_1、B_1、C_1 端子上。

· 从断路器合闸控制回路中控制开关的合闸常开接点两端(或其等电位端子,一般情况下为 5、8 接点,见图 4.12 断路器分、合闸控制回路接线示意图)引出两根导线接至测试仪上的"外接信号端子",并将仪器上的"内、外同步"转换开关置于"外同步"位置。

· 检查确认试验电路接线正确、可靠。

· 把分、合闸功能转换开关置于"合闸测试"位置,并为仪器正确接入工作电源。

· 按下电源开关,根据菜单提示指定所测项目(合闸时间)。

· 选择合闸操作使断路器合闸。

· 合闸后需稍等,待打印测试结果出来后关机。

②第二部分:测量断路器的分闸时间

分闸时间的测试接线与合闸时间测试接线相同,分闸时间的测试方法与合闸时间测试方法类似。

· 将仪器放置平整,选择在宽敞、稳妥、安全可靠的地方进行试验。

· 将3根(1组)测试导线一端插入测试仪的A、B、C插孔,另一端的夹子对称的夹在断路器的进线侧A、B、C端子上。

· 将另3根(1组)测试导线一端同时插入测试仪的公共端子插孔,另一端的夹子夹在断路器的出线侧 A_1、B_1、C_1 端子上。

· 从断路器合闸控制回路中控制开关的分闸常开接点两端(或其等电位端子,一般情况下为6、7接点,见图4.12断路器分、合闸控制回路接线示意图)引出两根导线接至测试仪上的"外接信号端子",并将仪器上的"内、外同步"转换开关置于"外同步"位置。

· 检查确认试验电路接线正确、可靠。

· 把分、合闸功能转换开关置于"分闸测试"位置,并为仪器正确接入工作电源。

· 按下电源开关,根据菜单提示指定所测项目(分闸时间)。

· 选择分闸操作使断路器分闸。

· 分闸后需稍等,待打印测试结果出来后关机。

· 以上方法及接线图适用于多油断路器、少油断路器、真空断路器、六氟化硫等断路器的分、合闸时间测试。

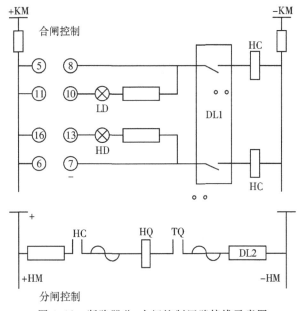

图4.12　断路器分、合闸控制回路接线示意图

(4)测量断路器的分、合闸速度测试

断路器的分闸速度,特别是断路器触头的分离瞬间速度过低,在切断短路故障时将会使电弧的持续时间延长,造成触头烧损、熔化并因长时间燃弧将使灭弧室压力增高造成喷油(汽),甚至发生油(汽)箱爆炸事故。

断路器的合闸速度,特别是触头接触瞬间速度过低,在闭合短路故障(如合到短路点上)时,由于阻碍触头闭合的电动力作用,将会引起触头的弹跳,造成触头的熔焊。合闸速度过高会造成很大的冲击力使断路器损坏。

使用仪器:开关动态特性测试仪;型号/规格:GCKC－3/0～1ms 0～24.99m/s

①第一部分:测量断路器的合闸速度

· 将仪器放置平整,选择在宽敞、稳妥、安全可靠的地方进行试验。

· 将3根(1组)测试导线一端插入测试仪的 A、B、C 插孔,另一端的夹子对称的夹在断路器的进线侧 A、B、C 端子上。

· 将另3根(1组)测试导线一端同时插入测试仪的公共端子插孔,另一端的夹子夹在断路器的出线侧 A_1、B_1、C_1 端子上。

· 从断路器合闸控制回路中控制开关的合闸常开接点两端(或其等电位端子,一般情况下为5、8接点,见图 4.12 断路器分、合闸控制回路接线示意图)引出两根导线接至测试仪上的"外接信号端子",并将仪器上的"内、外同步"转换开关置于"外同步"位置。

· 检查确认试验电路接线正确、可靠。

· 把分、合闸功能转换开关置于"合闸测试"位置,并为仪器正确接入工作电源。

· 按下电源开关,根据菜单提示指定所测项目(合闸速度)。

· 选择合闸操作使断路器合闸。

· 合闸后需稍等,待打印测试结果出来后关机。

②第二部分:测量断路器的分闸速度

分闸速度的测试接线与合闸速度测试接线相同,分闸速度的测试方法与合闸速度测试方法类似。

· 将仪器放置平整,选择在宽敞、稳妥、安全可靠的地方进行试验。

· 将3根(1组)测试导线一端插入测试仪的 A、B、C 插孔,另一端的夹子对称的夹在断路器的进线侧 A、B、C 端子上。

· 将另3根(1组)测试导线一端同时插入测试仪的公共端子插孔,另一端的夹子夹在断路器的出线侧 A_1、B_1、C_1 端子上。

· 从断路器合闸控制回路中控制开关的分闸常开接点两端(或其等电位端子,一般情况下为6、7接点,见图 4.12 断路器分、合闸控制回路接线示意图)引出两根导线接至测试仪上的"外接信号端子",并将仪器上的"内、外同步"转换开关置于"外同步"位置。

· 检查确认试验电路接线正确、可靠。

· 把分、合闸功能转换开关置于"分闸测试"位置,并为仪器正确接入工作电源。

· 按下电源开关,根据菜单提示指定所测项目(分闸速度)。

· 选择分闸操作使断路器分闸。

· 分闸后需稍等,待打印测试结果出来后关机。

· 以上方法及接线图适用于多油断路器、少油断路器、真空断路器、六氟化硫等断路器的分、合闸速度测试。

· 接线示意图:参见图 4.13 测量断路器的分、合闸时间接线示意图(测量断路器的分、合闸速度接线示意图与测量断路器的分、合闸时间接线示意图相同)。

· 分、合闸速度测试的同时,测试仪器对断路器也同时进行了断路器主触头分、合闸的分

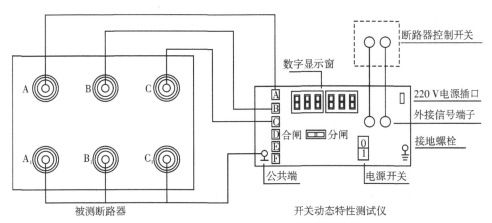

图 4.13　测量断路器的分、合闸时间接线示意图

合闸时间、同期性的测量。各测试结果将一并显示,且可同时打印。

· "测量断路器的分、合闸速度"时应注意的问题与"测量断路器的分、合闸时间"需注意的问题相同,在此不再赘述。

(5)测量断路器主触头分、合闸的同期性

断路器主触头分、合闸的同期性的测量类同于断路器的分、合闸时间(速度)的测量;而且在完成了分、合闸时间、速度的测量后,其同期性也已经得到体现,各测试结果将一并显示,且可同时打印。这里就不再赘述。

4.5　高压隔离开关的动作特性测试

35kV 以上高压隔离开关大多是户外安装、手动操作。由于在变配电所,隔离开关和高压断路器是按一定的顺序串联或并联安装的,而断路器内部动静触头的合闸位置有灭弧室,隔离开关没有灭弧装置。为了保证设备在检修或倒闸操作时有明显的断口,防止电弧伤人,所以倒闸操作时必须严格按照一定的操作顺序进行,即合闸时:先合隔离开关,后合断路器;分闸时:先分断路器,后分隔离开关。所以户外式高压隔离开关都是手动操作。因此,在对隔离开关进行动作特性测试时,应办理完操作票、停电后先进行以下几项检查:

1. 例行检查和测试

①就地和远方各进行两次操作,检查传动部件是否灵活。

②接地开关的接地连接良好。

③检查操动机构内外积污情况,必要时需进行清洁。

④抽查螺栓、螺母是否有松动,是否有部件磨损或腐蚀。

⑤检查支柱绝缘子表面和胶合面是否有破损、裂纹。

⑥检查动、静触头的损伤、烧损和脏污情况,情况严重时应予更换。

⑦检查触指弹簧压紧力是否符合技术要求,不符合要求的应予更换。

⑧检查联锁装置功能是否正常。

⑨检查辅助回路和控制回路电缆、接地线是否完好;用 1000V 绝缘电阻表测量电缆的绝缘电阻,应无显著下降。

⑩按设备技术文件要求对轴承等活动部件进行润滑。

89

2. 操动机构的试验

①检查操动机构线圈的最低动作电压。

②带有电动操动机构隔离开关的分、合闸操作,当电动计接线端子的电压在其额定电压的80％～110％时,应保证隔离开关的主闸刀或接地闸刀可靠地分闸和合闸。

③压缩空气操动机构,当气压在其额定气压的85％～110％范围内时,须检查隔离开关的主闸刀能可靠地分闸和合闸。

④隔离开关的机械或电气闭锁装置是否准确可靠。

3. 操动机构的试验,应符合的规定

(1)动力式操动机构的分、合闸操作,当其电压或气压在下列范围时,应保证隔离开关的主闸刀或接地闸刀可靠地分闸和合闸;

①电动机操动机构:当电动机接线端子的电压在其额定电压的80％～110％范围内时;

②压缩空气操动机构:当气压在其额定气压的85％～110％范围内时;

③二次控制线圈和电磁闭锁装置:当其线圈接线端子的电压在其额定电压的80％～110％范围内时。

(2)隔离开关、负荷开关的机械或电气闭锁装置应准确可靠。

注:①本条第 1 款第 2 项所规定的气压范围为操动机构的储气筒的气压数值;

②具有可调电源时,可进行高于或低于额定电压的操动试验。

③在检测试验隔离开关(负荷开关)应即时填写原始记录,待数据整理后认真填写试验报告。

技能训练模块

高压开关设备的测试项目可以分为两大模块:

技能训练测试项目一 高压断路器的测试

测试内容有:

1. 真空断路器支柱绝缘对地(断口绝缘对地)的绝缘电阻、吸收比测试

2. 真空断路器支柱绝缘对地的直流泄漏电流测试

3. 真空断路器支柱绝缘的交流耐压测试

4. 真空断路器的分合闸时间(速度)测试

技能训练测试项目二 隔离开关测试

1. 隔离开关瓷套管对地的绝缘电阻、吸收比测试

2. 隔离开关瓷套管对地的交流耐压测试

测试表 1　真空断路器测试数据记录表格

测试项目 数据	绝缘电阻 MΩ		泄漏电流测试		交流耐压测试		分合闸时间测试	
	R_{15}	R_{60}	电流 μA	电压 kV	电流 μA	电压 kV	分闸(s)	合闸(s)
1								
2								
3								
4								
5								
6								
计算值	$K=$							

测试表 2　隔离开关测试数据记录表格

测试项目 数据	绝缘电阻 MΩ		交流耐压测试		分合闸时间测试	
	R_{15}	R_{60}	电流 μA	电压 kV	分闸(s)	合闸(s)
1						
2						
3						
4						
5						
6						
计算值	$K=$					

作业与思考

1. 在电力系统中,断路器的作用是什么?

2. 断路器的种类有哪些?

3. 真空断路器的结构由几部分组成?

4. 六氟化硫断路器的结构组成是什么?

5. 六氟化硫气体的作用是什么?

6. 隔离开关的作用是什么?

7. 在电力系统倒闸操作中,隔离开关和断路器如何配合使用?

8. 断路器的绝缘测试项目有几项? 分别是什么?

9. 隔离开关的绝缘测试项目有几项? 分别是什么?

10. 实做问答:断路器工频耐压测试接线中,电压和电流端子如何连接?

项目五 互感器测试

【项目描述】

主要任务是要求学生认识互感器,知道互感器的作用及安装位置。对牵引变电所的互感器进行绝缘试验和特性试验,检验互感器的绝缘强度能否耐受工作电压及电流作用。

【学习目标】

1. 认识电压互感器和电流互感器,熟悉互感器的外形、结构及在主接线上的位置;

2. 掌握电压互感器和电流互感器的工作原理及符号表示;

3. 掌握电压互感器绝缘测试方法及仪器使用;

4. 掌握电流互感器绝缘测试方法及仪器使用;

5. 掌握电压互感器性能测试方法;

6. 掌握电流互感器性能测试方法;

7. 根据测试结果进行数据整理、记录、计算、分析能力。

【知识储备】

5.1 电压互感器的绝缘试验

在电力系统中,为了测量高压或超高压电网中的高电压和大电流,均采用电压互感器和电流互感器将高电压、大电流转换成低电压、小电流,再传输给电磁系测量表计,再乘以适当的倍数关系进行显示。例如,电力调度部门、变配电所等主控室的控制盘上的电压、电流、电力系统的有功功率、无功功率、频率、电度计量等都是通过互感器来测量的。另外,互感器在电力系统继电保护、自动控制装置、信号显示等方面也具有极其重要的作用。

电压互感器和电流互感器的结构和工作原理与电力变压器类似。都是利用电磁感应的原理来工作的。

对于电力系统中使用的高压互感器,由于长期处于高电压工作状态下,互感器的绝缘时时刻刻承受工作电压和过电压的冲击以及光、热、水分等侵蚀,因此定期要对互感器进行必要的绝缘预防性试验。

20kV 及以下电压等级的电压互感器多采用干式固体夹层绝缘结构。35～66kV 电压等级的电压互感器应进行绝缘电阻测试、交流耐压测试、感应耐压测试、介质损耗正切值 $\tan\delta$ 等项测试,对 66kV 以上电压等级的电压互感器还应增加绝缘油中溶解气体分析试验。

1. 试验前需采取的安全措施

(1)为保证人身和设备安全,应严格遵守安全规程 DL408—91《电业安全工作规程(发电厂和变电所电气部分)》中有关规定;

(2)在进行绕组和末屏绝缘电阻测量后应对试品充分放电,电容量测量时应注意 δ;

(3)在进行主绝缘及电容型套管末屏对地的 $\tan\delta$ 测试时应检查高压测试线对地绝缘问题;

(4)进行交流耐压试验和局部放电测试等高电压试验时,要求必须在试验设备及被试品周围设围栏并有专人监护,负责升压的人要随时注意周围的情况,一旦发现异常应立刻断开电源停止试验,查明原因并排除后方可继续试验。

2.电压互感器绝缘电阻测试

(1)测量电磁式电压互感器绝缘电阻的仪器是兆欧表。一次绕组用2500V的兆欧表,二次绕组用1000V的兆欧表。测量时一次绕组出线端子短接后接至兆欧表,二次绕组均短路接地并接至兆欧表。测量时被测绕组应接地。同等、相近测量条件下,绝缘电阻应无显著降低。

(2)电容式电压互感器绝缘电阻测试。

测量电容式电压互感器的绝缘电阻采用兆欧表,其中对分压电容器测试时,如果是多节电容器串联时,应分节独立测量;极间绝缘电阻值 $R \geqslant 5000\text{M}\Omega$;测量电容式电压互感器绕组的绝缘电阻时,测量方法与所有绝缘电阻测试方法一样,要分别测量一次绕组对地、二次绕组对地、一次绕组对二次绕组及地的绝缘电阻值,其中一次绕组对二次绕组及地应大于 $1000\text{M}\Omega$,二次绕组之间及对地应大于 $10\text{M}\Omega$。一次绕组测试时选用2500V的兆欧表,测量二次绕组绝缘电阻时选用1000V的兆欧表,测量时从 X 端测量。

表5.1　电压互感器绝缘电阻测试记录表　　　　（环境温度：＿＿℃）

序号	一次绕组 (MΩ)	一次吸收比 K	二次绕组对地 (MΩ)	吸收比 K	一次对二次及地 (MΩ)	吸收比 K	是否合格
1							
2							
3							

(3)测量铁芯夹紧螺栓的绝缘电阻,应符合下列规定:

①在做器身检查时,应对外露的或可接触到的铁芯夹紧螺栓进行测量;

②采用2500V兆欧表测量,试验时间为1min,应无闪络及击穿现象;

③穿芯螺栓一端与铁芯连接者,测量时应将连接片断开,不能断开的可不进行测量。

互感器绝缘电阻测试接线图如图5.1所示。

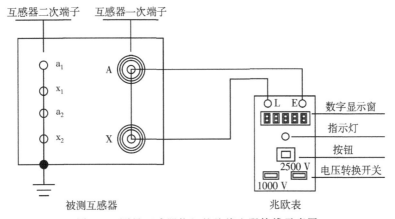

图5.1　测量互感器绕组的绝缘电阻接线示意图

3. 测量绕组的直流电阻

电压互感器绕组的直流电阻测量方法和使用仪器,同变压器绕组的直流电阻测试方法。

电压互感器一次绕组直流电阻测量值,与换算到同一温度下的出厂值比较,相差不宜大于 10%。二次绕组直流电阻测量值,与换算到同一温度下的出厂值比较,相差不宜大于 15%。互感器绕组的直流电阻测试接线如图 5.2 所示。

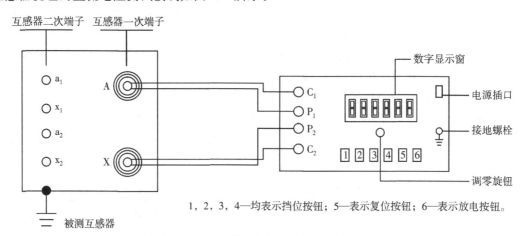

1,2,3,4—均表示挡位按钮;5—表示复位按钮;6—表示放电按钮。

图 5.2　测量互感器绕组的直流电阻接线示意图

4. 电压互感器的介质损耗角正切值 tanδ

电压互感器的绕组 tanδ 测量电压应为 10kV,tanδ 值不应大于表 5.2 所列数值。当对绝缘性能怀疑时,可采用高压法进行测试,在$(0.5\sim1)U_m/\sqrt{3}$范围内进行,tanδ 变化量不应大于 0.2%,电容变化量不应大于 0.5%。表 5.2 所列限值适用于油浸式电压互感器。

末屏 tanδ 测量电压为 2kV。

(1)数字式介质损耗测试仪的使用

近几年随着计算机技术的不断发展,很多测试仪器都设计成由微型计算机系统控制的数字式自动检测仪器。目前高压试验室采用的是数字式异频全自动介质损耗测试仪。数字式介质损耗测试仪的结构及测试方法我们前边已经介绍过,这里不再赘述。

表 5.2　tanδ(%)限值(t:20℃)

种类 \ 额定电压	20～35kV	66～110kV	220kV	330～500kV
油浸式电流互感器	2.5	0.8	0.6	0.5
油浸式电压互感器绕组	3	2.5		—
串级式电压互感器支架	—	6		—
油浸式电流互感器末屏	—	2		

(2)试验方法

①先用干燥清洁的软布擦去其表面的污垢。

②检查套管有无裂纹及烧伤情况。

③把仪器摆放平整并检查试验电源电压与测试设备工作电压相符。

④按照接线示意图:将互感器一次侧 A、X 端子短接、将二次侧 a_1、x_1、a_2、x_2 以及外壳一起短接并可靠接地;再将试验仪器的高压输出导线接至被测互感器的一次端并正确完成相关连线;检查保护接地线是否连接可靠。

⑤根据被试设备接地情况正确选择正、反接法。

⑥将介质损耗自动测试仪的测试线与本体插孔相连接,其屏蔽线接地;另一端接在被试设备套管的导电杆上。

⑦将仪器电压挡位开关拨至试验所需电压挡位,将短接线插入所需电压挡位接通测试电源,电源指示灯亮。

⑧按复位按钮使显示器归零。

⑨按下测试按扭等待测试,当等待红灯发亮时测量完毕,读取并记录数据。

⑩关闭测试电源,电源指示灯灭。

⑪使用接地良好的放电棒对被试电容充分放电。

⑫上述测量互感器的介质损耗角正切值 tanδ 的方法,适用于电流和电压互感器。

(3)注意事项

①仪器尽量选择在宽敞、安全可靠的地方使用。

②若设备从运行状态断开高压引线转为检修状态,应对其清扫,确认绝缘良好,方可利用该仪器进行试验,以防被试设备绝缘低劣,使仪器在加压过程中损坏。

③根据设备的安装情况确定采用哪种接线,并在相应的菜单选项中选择其接线方法。

④根据不同设备正确选择测试电压等级,并在相应的菜单选项中选择所需电压。

⑤测试过程中如遇危及安全的特殊情况时,可紧急关闭总电源。

⑥断开面板上电源开关,并断开试验电源且要有明显断开点,才能进行接线更改或结束工作;重复对同一试验设备进行复测核对测试结果时,可按下复位按钮后重新测量。

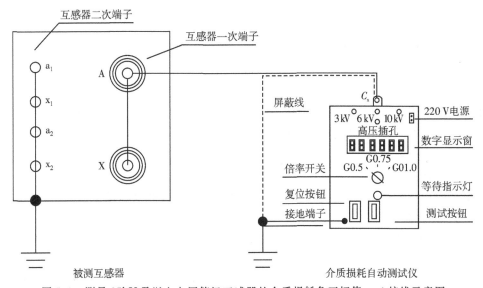

图 5.3　测量 35kV 及以上电压等级互感器的介质损耗角正切值 tanδ 接线示意图

⑦为保证测量精度,特别当小电容量被试品损耗较小时,一定要保证被试设备低压端各引线端子间绝缘良好,在相对空气湿度较小的环境中测量。

⑧由于仪器自身带有升压装置,应注意与高压引线的绝缘距离及人员安全。

⑨仪器应可靠接地,接地不好可能引起机器保护或造成危险。

⑩仪器启动后,除特殊情况外,不允许突然关断电源,以免引起过压损坏设备。

⑪试验结束后必须对变压器进行可靠充分放电,防止试验残余电荷伤及他人。

⑫当互感器(含电流互感器及电压互感器)电压等级为 35kV 及以上时,应测量介质损耗角正切值 tanδ。

⑬电压等级 35kV 及以上互感器的介质损耗角正切值 tanδ 测量应符合如下规定:

a. 互感器的绕组 tanδ 测量电压应在 10kV 测量,tanδ 不应大于表 5.2 tanδ(%)限值中的数据。当对绝缘有怀疑时,可采用高压法进行试验,在 $(0.5 \sim 1)U_m \sqrt{3}$ 范围内进行,tanδ 变化量不应大于 0.2%,电容变化量不应大于 0.5%;

b. 末屏 tanδ 测量电压为 2kV。

注:本条主要适用于油浸式互感器。SF_6 气体绝缘和环氧树脂绝缘结构互感器不适用,注硅脂等干式互感器可以参照执行。

5. 电压互感器交流耐压测试

在对电压互感器的绝缘电阻、介质损耗角正切值 tanδ 以及绝缘油试验都合格后,才能进行绕组对外壳的交流耐压试验。交流耐压试验也是检验其绕组绝缘的一种最有效的方法。对电压互感器的交流耐压试验主要针对互感器一次、二次绕组绝缘及套管对地之间的交流耐压测试,其接线按照前边讲述交流耐压试验的接线方式分别对被测试绕组绝缘进行测试,并将测试数据记录下来。对于分级绝缘及串级式电压互感器,一次绕组不能进行工频交流耐压试验。

对于电压互感器二次绕组,规程规定试验电压为 1000V,可与二次回路耐压试验同时进行。

(1)测试方法

互感器交流耐压测试接线图如图 5.4 所示。测试步骤及安全措施如前边设备交流耐压测试要求。

(2)注意事项

①试验中如发现电压表指针摆动大、电流表指示急剧增加,并有异常响声或冒烟等现象时,应立即停止试验、查明原因;如果是由被试品的绝缘部位所引起异常响声或冒烟则表明被试品存在问题或已被击穿。

②升压必须从零开始,切不可冲击合闸。

③升压时应注意升压速度:在达到 1/3 的试验电压之前,可以是任意的;自 1/3 试验电压以后应均匀升压,约以每秒 3% 的试验电压升压。

④试验中,如发生放电或击穿时,应迅速降低试验电压至零,切断电源,以避免故障的扩大。

⑤由于交流耐压试验是破坏性试验,对其所施加的试验电压值大小切不可超过规定值。

⑥为了预防试验互感器高压引出点到被试品间,高压输出线所产生的容升电压误差,现场试验中应在被试品高压接入点并联接入阻容分压器,以准确监视实际所施加的试验电压值。

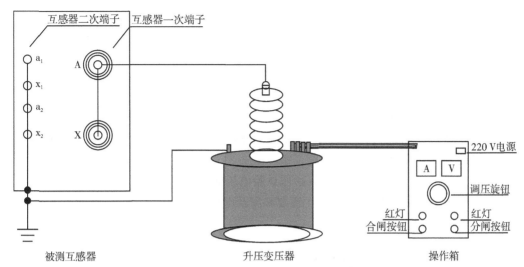

图 5.4 互感器交流耐压试验接线示意图

当阻容分压器的监测电压与操作箱上电压表的监测电压值存在差异时,应以阻容分压器所监测电压为准。

(3)试验结果的分析判断

①对交流耐压试验,主要是根据试验仪表的指示、被试互感器内有无放电声和冒烟冒气等异常情况进行判断。

a.在试验过程中,表计指针均匀上升、稳定不左右摆动、被试互感器无异常放电声,则认为试验通过。

b.一般情况下,若出现电流突然上升或操作箱因过电流继电器动作而跳闸,则认为被试品可能已被击穿。

c.试验中,当测量试验电压的表计读数突然明显下降时,则表明被试品的绝缘可能已被击穿。

②几种放电故障的判断:对于油浸式互感器,在耐压试验中可能出现下列几种放电故障,其判断方法参见本书项目三——电力变压器的试验中相关内容。

a.油隙击穿放电。

b.油中气体间隙的放电。

c.带悬浮电位的金属件引起的放电。

d.固体绝缘爬电。

e.外部试验回路放电。

③互感器交流耐压试验,应符合下列规定:

a.按出厂试验电压的 80% 进行。

b.电磁式电压互感器(包括电容式电压互感器的电磁单元)在遇到铁心磁密较高的情况下,宜按下列规定进行感应耐压试验:

· 感应耐压试验电压应为出厂试验电压的 80%。

· 试验电源频率和试验电压时间参照本书项目三——电力变压器的试验中内容进行。

· 感应耐压试验前后,应各进行一次额定电压时的空载电流测量,两次测得值相比不应有明显差别。

• 电压等级 66kV 及以上的油浸式互感器,感应耐压试验前后,应各进行一次绝缘油的色谱分析,两次测得值相比不应有明显差别。

• 感应耐压试验时,应在高压端测量电压值。

• 对电容式电压互感器的中间电压变压器进行感应耐压试验时,应将分压电容拆开。由于产品结构原因现场无条件拆开时,可不进行感应耐压试验。

c. 电压等级 220kV 以上的 SF_6 气体绝缘互感器(特别是电压等级为 500kV 的互感器)宜在安装完毕的情况下进行交流耐压试验。

d. 二次绕组之间及其对外壳的工频耐压试验电压标准应为 2kV。

e. 电压等级 110kV 及以上的电流互感器末屏及电压互感器接地端(N)对地的工频耐压试验电压标准,应为 3kV。

5.2 电压互感器的特性试验

电压互感器的工作特性与电流互感器不同,当一次侧以恒定电压工作时,二次绕组的工作电流很小,近似于开路状态;电压互感器工作时,其二次绕组不能短路。

1. 电压互感器电压比差的测量

(1)相量分析

如图 5.5 所示为电压互感器相量图。如果一次绕组和二次绕组内在工作时没有阻抗压降,即内阻抗为零(理想状态下),由相量图可得到

$$\dot{E}_1 = \dot{U}_1 \qquad \dot{E}_2 = \dot{U}_2$$

则将上面两式整理,可得到

$$\frac{E_1}{E_2} = \frac{U_1}{U_2} = K_U \tag{5.1}$$

实际上由于制造工艺以及铁芯损耗等,绕组存在着阻抗,端电压 U_2 随着负荷发生变化,因此测量时就会产生误差。

(2)电压互感器电压比差的测量

一次绕组的实际电压与二次绕组的实际电压比,就是实际电压比 K_U。

如果实际电压比已知,可求出一次绕组的实际电压为

$$U_1 = K_U U_2 \tag{5.2}$$

但实际电压比不知道,因为电压互感器的工作方式不同电压比也不同。为了求得 U_1,可以利用额定电压比(铭牌上的数据)来求出近似的一次电压,即

$$U'_1 = K_{Un} U_2 \tag{5.3}$$

(式中 $K_{Un} = \dfrac{U_{n1}}{U_{n2}}$ 为铭牌上的额定电压比)

用标准电压互感器校验的电压比误差

$$\gamma_U = \frac{U'_1 - U_1}{U_1} \times 100\% = \frac{K_{Un} U_2 - K_U U_2}{K_U U_2} \times 100\% = \frac{K_{Un} - K_U}{K_U} \times 100\% = \gamma_{UK} \tag{5.4}$$

式中,γ_U——电压的误差;

γ_{UK}——电压比的误差。

从式(5.4)可知,电压的误差比就是电压比差。电压比差的测量和变压器一样,也可以用

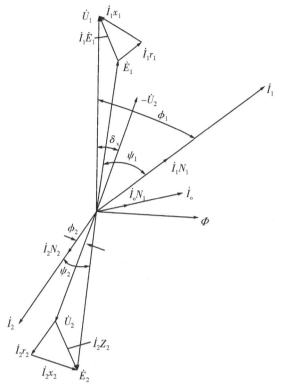

图 5.5　电压互感器相量图

电压表法进行。一次侧应施加额定的稳定电压,二次侧要加规定的负荷。

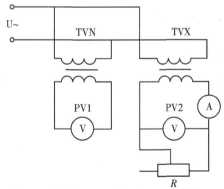

TVN—标准电压互感器;TVX—被测电压互感器;R—负荷电阻

图 5.6　电压互感器电压比测量接线图

2. 角差测量

电压互感器的角差是指一次电压 $\dot{U}_1$ 与旋转 180°后的二次电压 $\dot{U}_2$ 之间的夹角 δ_U。标准电压互感器 TVN 与被测电压互感器 TVX 并联,r_2 分接在两个电压互感器并联回路内,r_2 的两端由于差电流所产生的压降就代表 TVN 与 TVX 的差压 $\Delta\dot{U}$。$\Delta\dot{U}$ 可分解为两个分量:一个为与 $\dot{U}_{N2}$ 同相的 $\Delta\dot{U}_N$,一个为与 $\Delta\dot{U}_{N2}$ 成 90°的 $\Delta\dot{U}_X$。因 δ_U 很小,可以近似地认为 $\Delta\dot{U}_N$ 就是被测 TVX 的电压差比,并将 $\Delta\dot{U}_X$ 视为其相角差。连接在 TVN 二次回路的变压器 T 的作用,是为了满足检测回路的要求,变换电流 $\dot{I}_{N2}$。$\dot{I}_{N2}$ 在可调标准电阻 r'_2 上的压降恰好与 $\dot{U}_{N2}$ 相差 $180°$,当调节 r_2 使 $\dot{I}_{N2}r'_2$ 等于 $\Delta\dot{U}_N$ 时,则在仪器的 r'_2 上,以适当的刻度就可直接反映被测 TVX 的电压比差。利用互感器自感 M 的作用使流经电阻 r'_2 上的电流与 $\dot{I}_{N2}$ 相位角差 $90°$,这样 $\dot{I}_{N2}r'_2$ 就与 $\dot{I}_{N2}r'_1$ 相差 $90°$,与 $\Delta\dot{U}_X$ 相差 $180°$。结果 $\dot{I}_{N2}r'_2$ 就是 $\Delta\dot{U}_X$。在 r'_2 上以适当的刻度显示,即可直接反映被测 TVX 相角差 δ_U。

3. 电压互感器空载励磁特性测试

空载试验是将互感器低压侧开路,在互感器高压侧通入额定电压并测试高压侧空载电流的试验。由于施工现场条件限制,故一般多采用高压侧开路,在低压侧施加电压和测试电流的方法。由于牵引变电所中使用的电压互感器多为单相结构,空载试验使用仪器仪表较少,方法简单。试验用仪器仪表有:单相调压器(2～5KVA)1 台;电压表(0～300V)1 台;电流表(0～5A)1 块;开关板、连接导线若干。

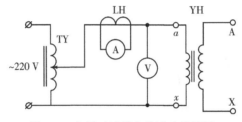

图 5.7　电压互感器空载试验接线图

试验按下述步骤进行:

①按图接线。

②调压器由零逐渐升压至额定值、读取电流值。

③当有需要时,可继续升压至 1.3 倍额定值,并持续 3min,观察电流应无较大摆动或急剧上升现象。

④将电压退回零位、断开电源,试验结束。

⑤测试空载电流值可与制造厂出厂测量值比较,应无太大差别。

在现场测试时,电压互感器高压侧开路,低压侧通以额定电压,读取其空载电流及空载损耗。电压互感器的空载励磁特性测试可与工频感应耐压测试一起进行。测试时,在电压升至额定电压的过程中,先读取几组空载损耗与空载电流值,电压升至 1.3 倍额定电压并耐受 40s 后,再降至额定电压及以下,重新读取几组空载损耗与空载电流值。

实测的励磁特性曲线为额定电压时的空载电流值与过去或同类型电压互感器的特性相比较,应无明显的差异。

一般实测时,励磁曲线测量点为额定电压的 20%、50%、80%、100% 和 120%。对于中性点直接接地的电压互感器,电压等级 35kV 及以下电压等级的电压互感器最高测量点为 190%;电压等级为 66kV 及以上的电压互感器最高测量点为 150%。《规程》规定:在额定电压下,空载电流与出厂数值比较应无明显差别;中性点非有效接地系统的电压互感器,在 $1.9U_N/\sqrt{3}$ 电压时的空载电流不应大于最大允许电流;中性点接地系统的电压互感器,在 $1.5U_N/\sqrt{3}$ 电压下的空载电流不应大于最大允许电流。

表 5.3 励磁特性测试数据记录表

序号	低压侧电压(kV)	空载电流(mA)	空载功率(W)
1	$0.2U_N$		
2	$0.5U_N$		
3	$0.8U_N$		
4	U_N		
5	$1.2U_N$		
6	$1.3U_N$		

5.3 电流互感器的绝缘测试

我国目前电气设备制造厂生产的 20kV 及以下电压等级的电流互感器大多采用干式固体夹层绝缘结构,在进行定期试验时,以测绝缘电阻和交流耐压为主。35kV 及以上电压等级的互感器,为了提高绝缘强度和增大散热性能,多采用油浸式夹层绝缘结构,除了绝缘电阻和交流耐压测试外,还需要做介质损耗角正切值 $\tan\delta$ 测试。

试验前需采取的安全措施如下:

①为保证人身和设备安全,应严格遵守安全规程 DL408—91《电业安全工作规程(发电厂和变电所电气部分)》中有关规定;

②在进行绕组和末屏绝缘电阻测量后应对试品充分放电,电容量测量时应注意 δ;

③在进行主绝缘及电容型套管末屏对地的 $\tan\delta$ 高压测试线对地绝缘问题;

④进行交流耐压试验和局部放电测试等高电压试验时,要求必须在试验设备及被试品周围设围栏并有专人监护,负责升压的人要随时注意周围的情况,一旦发现异常应立刻断开电源停止试验,查明原因并排除后方可继续试验。

1. 电流互感器绝缘电阻测试

测量电流互感器绕组绝缘电阻的主要目的是检查其绝缘是否有整体受潮或者老化现象。电流互感器绝缘电阻的测试仪器是兆欧表。与前边所述变压器绕组和电压互感器绕组的绝缘电阻测试方法相同。测量一次绕组用 2500V 兆欧表,二次绕组用 1000V 或 2500V 兆欧表。为了安全起见,非被测绕组应可靠接地。测量时应记录环境温度,以便计算比较,因为温度的变化对绝缘电阻值的影响很大。

表 5.4 电流互感器绝缘电阻测试记录表   (环境温度:____℃)

序号	一次绕组 (MΩ)	一次吸收比 K	二次绕组对地 (MΩ)	吸收比 K	一次对二次及地 (MΩ)	吸收比 K	是否合格
1							
2							
3							

2. 电流互感器介质损耗角正切值 $\tan\delta$ 测试

对电流互感器绕组绝缘进行介质损耗角正切值 $\tan\delta$ 测试的方法和使用仪器同电压互感器的介损角测试方法。

3. 电流互感器交流耐压测试

电流互感器的交流耐压试验同电压互感器的交流耐压试验基本相同,是检验互感器绝缘强度最有效和最直接的测试项目。交流耐压测试时二次端子需短路接地或一端接地。

4. 电流互感器极性测试

互感器的极性很重要,极性判断错误会使计量仪表指示错误,更为严重的是会使带有方向性的继电保护装置误动作。电流互感器一、二次绕组间均为减极性。极性测试方法与变压器的极性测试方法相同,一般采用直流法测试。测试时注意电源应加在互感器一次侧,测量仪表应接在互感器二次侧。电流互感器极性测试接线如图 5.8 所示。当开关闭合瞬间,毫伏表的指示为正,指针右摆,然后回零,则 L_1 和 K_1 同极性。

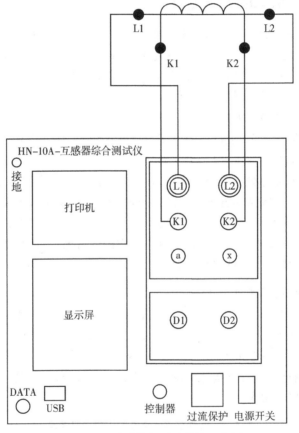

图 5.8　互感器特性测试接线示意图

5. 电流互感器铁芯退磁

在运行中发生二次开路时以及采用直流电源进行的各项测试后,可能会在电流互感器的铁芯中留下剩磁,剩磁将使电流互感器的比差特别是角差增大,因此在所有测试结束后需要对电流互感器进行退磁。退磁的方法是:将电流互感器一次绕组开路,二次绕组通入电流 1～2.5A 或 0.2～0.5A 的 50Hz 交流电流,然后使电流从最大值均匀降到零(时间不少于 10s),并在切断电流电源前将二次绕组短路。在增减电流过程中,电流不应中断或发生突变。像这样重复两三次,就可以退去电流互感器铁芯中的剩磁。

5.4 电流互感器的特性试验

电流互感器正常工作时,与普通变压器不同,其一次电流 i_1 不随二次电流 i_2 的变化而变化, i_1 只取决于一次回路的电压和阻抗。二次回路所消耗的功率随其回路的阻抗增加而增大,一般二次负载都是内阻很小的仪表,其工作状态相当于短路。电流互感器电气特性试验的主要项目有:极性试验、误差试验、电流互感器励磁特性试验。

1. 极性测试

无论电压或电流互感器,用在电气量测量及继电保护回路中,均有极性要求。

试验方法:可使用极性试验器,详见变压器极性试验。

(1)测试方法

①将仪表摆放平整、并按图 5.8 所示接线;把仪器测试导线的高压部分 L_1、L_2 和低压部分 K_1、K_2 分别接入被测互感器的相应端子。接线端子对应关系如下:

电流互感器:一次绕组 L_1、L_2 和二次绕组 K_1、K_2。

电压互感器:一次绕组 D_1、D_2 和二次绕组 a、x。

②接入与测试仪匹配的工作电源,并打开电源开关。

③设置好一次侧测试电流和二次侧额定电流后,合上调压开关。

④旋转鼠标将光标移动至"开始"选项,按下鼠标,选择"确定"。

⑤试验开始后,装置输出到电流互感器的一次侧交流电流不断的增大,该一次侧电流和二次侧测得的电流数值在屏幕上显示。

⑥当一次侧电流或二次侧电流达到所设定的电流值时,装置会自动停止试验,并以实际测出的电流,计算得出变比值且显示出极性。

⑦上述检查电流互感器接线组别和极性的测试方法同样适用于电压互感器,其测试方法基本一致。

⑧使用该试验仪器,在进行互感器"组别和极性、误差测量、励磁特性(曲线)"等多项特性测试时,均采用图 5.8 中的接线模式保持不变,可实现互感器各种特性参数的测试。

(2)注意事项

①测试前应先将仪器可靠接地。

②测试前必须先将互感器一次、二次及接地线全部拆除,使被试互感器成为独立的单体设备。

③进行电流互感器测试时,必须先将其他不检测的二次绕组短接;进行电压互感器测试时,必须保持其他不检测的二次绕组开路。

④测试中严禁触碰任何测试端子。

⑤做电压互感器励磁特性试验时,必须将一次绕组的零位端接地。

⑥在做电流互感器变比试验时,如果一次电流比较大导致接线柱过热,应等接线柱温度降低后再拧开一次连线。

⑦伏安特性测试设置电压电流时应注意电压电流的乘积(kW)不得超过试验设备的允许输出功率值。

⑧本仪器在试验过程中,一旦电压或电流超出设定值,或按下"停止"键,测试仪将停止输

出,能够有效地保护被测互感器。

⑨本仪器在测试过程中,光标会显示在"停止"选项上不停闪烁,直至测试完毕退出自动测试界面,或按下旋转鼠标,人为中止试验。

⑩保存记录,测试完成后会弹出对话框,用户可以选择保存或者打印。

⑪检查互感器的接线组别和极性,必须符合设计要求,并应与铭牌和标志相符。

2. 误差试验

互感器误差试验是为了校核互感器的变比误差是否符合出厂时确定的准确级次,以保证互感器用于电量测量时的准确性及用于继电保护装置的角、比差试验及电压互感器的比差试验。

(1)电流互感器的角差试验

角差测量原理:电流互感器除了有电流的误差外,还有角误差,简称角差。它是原边电流和旋转 $180°$ 后的副边电流的相量之间的差角 δ。由相量图中可以看出:$\theta_1 = \theta_2 = \varphi_0 - \varphi_2$,$\theta_2$ 所在的直角三角形中,斜边等于 $\dot{I}_0 W_1$。因此

$$\tan\delta = \frac{\dot{I}_0 W_1 \sin(\varphi_0 - \varphi_2)}{\dot{I}_2 W_2 + \dot{I}_0 W_1 \cos(\varphi_0 - \varphi_2)} \approx \delta(\mathrm{rad}) \tag{5.5}$$

因为 $\dot{I}_0 W_1 \cos(\varphi_0 - \varphi_2)$ 和 $\dot{I}_2 W_2$ 相比很小,可忽略不计,因此上式可简化为

$$\delta = \frac{\dot{I}_0 W_1 \sin(\varphi_0 - \varphi_2)}{\dot{I}_2 W_2} \tag{5.6}$$

因为 $\varphi_0 \approx 90°$,所以

$$\delta = \frac{\dot{I}_0 \cos\varphi_2}{\dot{I}_2 \frac{W_2}{W_1}} \tag{5.7}$$

此即为电流互感器角差 δ。

(2)电流比差的测量原理及方法

①测量原理如下:

理想的电流互感器的电流比应与匝数比成反比,表示如下

$$\frac{I_1}{I_2} = \frac{N_2}{N_1} \tag{5.8}$$

式中,I_1——一次电流(A);

I_2——二次电流(A);

N_1——一次绕组匝数;

N_2——二次绕组匝数。

由于励磁电流和铁损的存在,会出现电流比差和角差。

比差就是按电流比折算到一次侧的二次电流与实际的二次侧电流之间的差值。假设被测电流互感器 T 实际的电流比为

$$K_X = \frac{I_{1X}}{I_{2X}} \tag{5.9}$$

标准电流互感器的变流比为

$$K_N = \frac{I_{1N}}{I_{2N}} \tag{5.10}$$

被试电流互感器的铭牌上的变流比为 K_{IX}。

因为测量时 I_{1N} 与 I_{1X} 在同一回路,所以 $I_{1X}=I_{1N}$。因此,实际测得被试电流互感器的变流比又为

$$K_X = \frac{I_{1X}}{I_{2X}} = \frac{I_{1N}}{I_{2X}} \tag{5.11}$$

因此,电流比的误差为

$$\gamma_K = \frac{K_{IX} - K_X}{K_X} \times 100\% = \frac{K_{IX} - \frac{K_N I_{2N}}{I_{2X}}}{\frac{K_N I_{2N}}{I_{2X}}} \times 100\% = \frac{K_{IX} I_{2X} - K_N I_{2N}}{K_N \cdot I_{2N}} \times 100\% \tag{5.12}$$

在测试中,如果标准电流互感器选用与被试互感器相同的变比时,则有 $K_{IX}=K_N$,电流互感器的电流比误差就变成

$$\gamma_K = \frac{I_{2X} - I_{2N}}{I_{2N}} \times 100\% \tag{5.13}$$

②测试方法如下:

采用被试电流互感器与标准互感器比较的方法。测试接线图如图 5.9 所示。

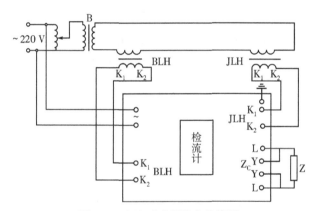

图 5.9 电流互感器检定接线图

B—升流器;BLH—标准电流互感器;JLH—被检电流互感器;Z—被检电流互感器次极回路负载阻抗

电流互感器试验电流及角、比差标准见表 5.5 所示。

3. 电流互感器励磁特性曲线试验

用于牵引变压器差动保护中的电流互感器,根据差动保护的要求,应测试电流互感器的励磁特性曲线。电流互感器励磁特性曲线测试接线图如图 5.10 所示。

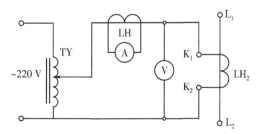

图 5.10 电流互感器励磁特性曲线试验接线图

表 5.5　电流互感器试验电流及角、比差标准

电流互感器准确级次	一次试验电流($I_H\%$)	充许最大误差	
		比差(%)	角差(′)
0.2	100～120	±0.2	±10
	20	±0.35	±15
	10	±0.5	±20
0.5	100～120	±0.5	±40
	20	±0.75	±50
	10	±1.0	±60
1	100～120	±1.0	±80
	20	±1.5	±100
	10	±2.0	±120
3	50～120	±3.0	无规定
10	50～120	±10.0	无规定

励磁特性曲线是在电流互感器一次侧开路时,表明二次侧励磁电流与所加电压间相互关系的曲线,该曲线可明显表示出电流互感器铁心饱和程度,还可以通过其计算出10%误差曲线。

表 5.6　励磁特性曲线电流选点表

电流(A)	0.02/0.04	0.06/0.08	0.1/0.2	0.3/0.4	0.5/0.6	0.7/0.8	1.0/1.2
电压(V)							

试验用主要仪器有:单相调压器(3～5kVA)1台;电流互感器(0～50/5A)1块;电流表(0～5A)1块;平均值电压表1块;开关板、连接线若干。

试验步骤如下:

①按图接线。

②调压器由零逐渐升压,按电流读取点读取电压值。

③读取电压值绘制曲线。

④试验时通入电压或电流的限值,以不超过制造厂技术条件为准。

⑤试验电源应有足够的容量。且电压不应波动,否则应用稳压器稳压。

技能训练模块

本测试环节分两个测试模块:

技能训练测试模块一　电压互感器测试

测试任务:

(1)电压互感器绕组及套管的绝缘电阻、吸收比测试。

(2)电压互感器绕组的直流电阻测试。

(3)电压互感器绕组及套管的介质损耗角正切值测试。

(4)电压互感器绕组及套管的交流耐压测试。

(5)电压互感器的空载试验。

注:①测试方法及仪器见教材所述。要求分组列出所需测试仪器、电力安全绝缘工器具、人员分工,按每项测试任务写出测试计划,开始实施。

②测试数据记录可以填入教材所列表格,也可以填入教材附录表里电压互感器测试原始记录表格。

③测试完成后写出电压互感器测试报告。

技能训练测试模块二　电流互感器测试

测试任务:

(1)电流互感器绕组及套管的绝缘电阻、吸收比测试。

(2)电流互感器绕组及套管的介质损耗角正切值测试。

(3)电流互感器绕组及套管的交流耐压测试。

(4)电流互感器的极性测试。

注:①电流互感器测试方法及仪器见教材所述。要求分组列出所需的测试仪器、电力安全绝缘工器具、人员分工,按每项测试任务写出测试计划,开始实施。

②测试数据记录可以填入教材所列表格,也可以填入教材附录表Ⅱ里电流互感器原始记录表格。

③测试完成后写出电流互感器测试报告。

作业与思考

1.电压互感器的作用是什么?依据什么原理来工作的?说明电压互感器的结构组成?

2.电流互感器在电路中的作用是什么?它的工作原理是什么?说明电流互感器的结构组成?

3.正常工作时电压互感器的二次侧必须怎么接?电流互感器的二次侧什么接法?为什么?

4.电流互感器的测试项目有几项?每一项的安全措施有哪些?

5.电压互感器的测试项目有几项?每项测试的仪器及方法?

6.在测试电压互感器的介质损耗角正切值时,介质损耗测试仪采用正接法还是反接法?测试仪器与电压互感器如何连接?

7.简述电流互感器铁芯退磁方法。

项目六　防雷设备及接地装置测试

【项目描述】

雷电放电产生的过电压波会危及整个电力系统,导致人畜遭受电击、树木房屋被雷电击倒、通信系统受到干扰,对航空航天、科学研究、工业生产、人类活动造成极大的破坏,甚至会造成电气设备烧损,尤其对家用电器及变电所的高压设备和二次装置产生非常大的危害。因此,认识雷电的危害,采取有效的防雷手段及防雷设备,保护人类及所有设备免遭雷击,是事关国民经济发展和人类安全及工业生产稳定运行的重要举措。

【学习目标】

1. 了解雷电放电的形成及发展过程,雷电对人类生活的影响及破坏。

2. 了解雷电参数及雷电放电等值电路。

3. 了解避雷针、避雷线的结构及保护范围的确定方法。

4. 掌握各种类型避雷器的结构及工作原理。

5. 掌握氧化锌避雷器的结构、优点。

6. 对避雷针及避雷器的防雷性能进行测试。

7. 掌握建筑物及电力系统接地电阻及土壤电阻率的测定方法。

8. 根据测试结果进行数据整理、记录,计算、分析能力。

【知识储备】

6.1　雷电放电的基本过程及防雷

在日常生活中大家都经历过电闪雷鸣的天气。闪电时猛烈的狂风暴雨、照亮黑夜耀眼的电光以及震耳欲聋的轰隆声,从古至今给人们留下异常恐惧的印象。在科技不发达的远古,人们对闪电产生了极大恐惧,随着人类对自然界不断探索和认识,一代又一代科学家不惜冒着极大的危险,通过各种测试方法对雷电的形成及发展过程有了更为详尽的了解。

1. 雷电是什么

雷电是伴有闪电和雷鸣的一种雄伟壮观而又有点令人生畏的放电现象。雷电一般产生于对流发展旺盛的积雨云中,因此常伴有强烈的阵风和暴雨,有时还伴有冰雹和龙卷风。积雨云顶部一般较高,可达 20km,云的上部常有冰晶。冰晶的淞附,水滴的破碎以及空气对流等过程,使云中产生电荷。云中电荷的分布较复杂,但总体而言,云的上部以正电荷为主,下部以负电荷为主。因此,云的上、下部之间形成一个电位差。当电位差达到一定程度后,就会产生放电,这就是我们常见的闪电现象。闪电的平均电流是 3 万安培,最大电流可达 30 万安培。闪电的电压很高,约为 1 亿至 10 亿伏特。一个中等强度雷暴的功率可达一千万瓦,相当于一座小型核电站的输出功率。放电过程中,由于闪道中温度骤增,使空气体积急剧膨胀,从而产生冲击波,导致强烈的雷鸣。带有电荷的雷云与地面的突起物接近时,它们之间就发生激烈的放电。在雷电放电地点会出现强烈的闪光和爆炸的轰鸣声。这就是人们见到和听到的闪电雷鸣。

2. 雷电的种类

雷电分直击雷、电磁脉冲、球型雷、云闪四种。其中直击雷和球型雷都会对人和建筑造成伤害,而电磁脉冲主要影响电子设备,云闪由于是在两块云之间或一块云的两边发生,所以对人类危害最小。

直击雷就是在云体上聚集很多电荷,大量电荷要找到一个通道来泄放,有的时候是一个建筑物,有的时候是一个铁塔,有的时候是空旷地方的一个人,所以这些人或物体都变成电荷泄放的一个通道,就把人或者建筑物给击伤了。直击雷是威力最大的雷电,而球型雷的威力比直击雷小。

3. 雷云的形成

产生雷电的条件是雷雨云中有积累并形成极性。科学家们对雷雨云的带电机制及电荷有规律分布,进行了大量的观测和试验,积累了许多资料,并提出各种各样的解释,有些论点至今还有争论。

(1)对流云初始阶段的"离子流"假说

大气中存在着大量的正离子和负离子,在云中的雨滴上,电荷分布是不均匀的,最外边的分子带负电,里层的带正电,内层比外层的电势差约高 0.25V。为了平衡这个电势差,水滴就必须优先吸收大气中的负离子,这就使水滴逐渐带上了负电荷。当对流发展开始时,较轻的正离子逐渐的被上升的气流带到云的上部;而带负电的云滴因为比较重,就留在了下部,造成了正负电荷的分离。

(2)冷云的电荷积累

当对流发展到一定阶段,云体伸入 0℃层以上的高度后,云中就有了过冷水滴、霰粒和冰晶等。这种由不同形态的水汽凝结物组成且温度低于 0℃的云,叫冷云。冷云的电荷形成和积累过程有如下几种:

①过冷水滴在霰粒上撞冻起电。

在云层中有许多水滴在温度低于 0℃时也不会冻结,这种水滴叫过冷水滴。过冷水滴是不稳定的,只要它们被轻轻地震动一下,就马上冻结成冰粒。当过冷水滴与霰粒碰撞时,会立即冻结,这叫撞冻。当发生撞冻时,过冷水滴外部立即冻成冰壳,但它的内部仍暂时保持着液态,并且由于外部冻结释放的潜热传到内部,其内部液态过冷水的温度比外面的冰壳高。温度的差异使得冻结的过冷水滴外部带上正电,内部带上负电。当内部也发生冻结时,云滴就膨胀分裂,外表皮破裂成许多带正电的冰屑,随气流飞到云层上部,带负电的冻滴核心部分附在较重的霰粒上,使霰粒带负电并留在云层的中下部。

②冰晶与霰粒的摩擦碰撞起电。

霰粒是由冻结水滴组成的,呈白色或乳白色,结构比较松脆。由于经常有冷水滴与它撞冻并释放潜热,它的温度一般比冰晶高。在冰晶中含有一定量的自由离子(OH^- 和 H^+),离子数随温度升高而增多。由于霰粒与冰晶接触部分存在着温度差,高温端的自由离子必然要多于低温端,因而离子必然从高温端向低温端迁移。离子迁移时,带正电的氢离子速度较快,而带负电的较重的氢氧根离子则较慢。因此,在一定时间内就出现了冷端氢离子过剩的现象,造成了高温端为负、低温端为正的电极化。当冰晶与霰粒接触后,又分离时,温度较高的霰粒就带上了负电,而温度较低的冰晶就带上了正电。在重力和上升气流的作用下,较轻的带正电的冰晶集中到云的上部,较重的带负电的霰粒则停留在云层的下部,因而造成了冷云的上部带正电而下部带负电。

③水滴因含有稀薄盐分而起电。

除了上述冷云的两种起电机制外,还有人提出了由于大气中水滴含有稀薄盐分而产生起电机制。当云滴冻结时,冰的晶格中可以容纳负的氯离子,却排斥正的钠离子。因此,水滴冻结的部分带负电,而未冻结的部分带正电(水滴冻结时是从里向外进行的)。由于水滴冻结而形成的霰粒在下落的过程中,摔掉表面还未来得及冻结的水分,形成许多带正电的小云滴,而冻结的核心部分则带负电。由于重力和气流的分选作用,带正电的小滴被带到云的上部,而带负电的霰粒则停留在云的中、下部。

(3)暖云的电荷积累

在热带地区,有一些云整个云体都位于0℃以上区域。因而只含有水滴而没有固态水粒子。这种云叫暖云或水云。暖云也会出现雷电现象。在中纬度地区的雷暴云,云体位于0℃等温线以下的部分,就是云的暖区。在云的暖区里也有起电过程发生。

在雷雨云的发展过程中,上述机制在不同的发展阶段分别起作用。但是,最主要的带电机制还是由于水滴冻结造成的。大量观测事实表明,只有当云顶呈现纤维状、丝缕结构时,云彩发展成为雷雨云。飞机观测发现,雷雨云中存以冰、雪晶和霰粒为主的大量云粒子,而且大量电荷的积累即雷雨云迅猛带电机制,必须依靠霰粒生长过程的碰撞、撞冻和摩擦等才能发生。

4. 闪电是什么

暴风云通常产生电荷,底层为负电荷,顶层为正电荷,而且还在地面产生正电荷,如影随形地跟着云移动。正电荷和负电荷彼此相吸,但空气却不是良好的传导体。正电荷奔向树木、山丘、高大建筑物的顶端甚至人体之上,企图和带有负电荷的云层相遇;负电荷枝状的触角向下伸展,越向下伸越接近地面。最后正负电荷终于克服空气的阻障而连接上。巨大的电流沿着一条传导气道从地面直向云涌去,产生出一道明亮夺目的闪光。一道闪电的长度可能只有数千米,但最长可达数百千米。

闪电的温度,从摄氏17000度至28000度不等,也就是等于太阳表面温度的3到5倍。闪电的极度高热使沿途空气剧烈膨胀。空气移动迅速,因此形成波浪并发出声音。闪电距离近,听到的就是尖锐的爆裂声;如果距离远,听到的则是隆隆声。你在看见闪电之后可以开动秒表,听到雷声后即把它按停,然后以3来除所得的秒数,可大致知道闪电离你的距离有几千米。

5. 闪电的类型

曲折开叉的普通闪电称为枝状闪电。枝状闪电的通道如被风吹向两边,以致看来有几条平行的闪电时,则称为带状闪电。闪电的两枝如果看来同时到达地面,则称为叉状闪电。闪电在云中正负电荷之间闪烁,而使全地区的天空一片光亮时,便称为片状闪电。

未达到地面的闪电,也就是同一云层之中或两个云层之间的闪电,称为云间闪电。有时候这种横行的闪电会行走一段距离,在风暴的许多公里外降落地面,就叫做"晴天霹雳"。闪电的电力作用有时会在又高又尖的物体周围形成一道光环似的红光。通常在暴风雨中的海上,船只的桅杆周围可以看见一道火红的光,人们便借用海员守护神的名字,把这种闪电称为"圣艾尔摩之火"。

超级闪电指的是那些威力比普通闪电大 100 多倍的稀有闪电。普通闪电产生的电力约为 10 亿瓦特,而超级闪电产生的电力则至少有 1000 亿瓦特,甚至可能达到万亿至十万亿瓦特。

纽芬兰的钟岛在 1978 年显然曾受到一次超级闪电的袭击,连 13 公里以外的房屋也被震得格格响,整个乡村的门窗都喷出蓝色火焰。

乌干达首都坎帕拉和印尼的爪哇岛,是最易受到闪电袭击的地方。据统计,爪哇岛有一年竟有 300 天发生闪电。而历史上最猛烈的闪电,则是 1975 年袭击津巴布韦乡村乌姆塔里附近一幢小屋的那一次,死亡 21 人。

6. 雷电发生的频率与特性

在任何给定时刻,世界上都有 1800 场雷雨正在发生,每秒大约有 100 次雷击。在美国,雷电每年会造成大约 150 人死亡和 250 人受伤。全世界每年有 4000 多人惨遭雷击。在雷电发生频率呈现平均水平的平坦地形上,每座 300 英尺高的建筑物平均每年会被击中一次。每座 1200 英尺的建筑物,比如广播或者电视塔,每年会被击中 20 次,每次雷击通常会产生 6 亿伏的高压。

每个从云层到地面的闪电实际上包含了在 60 毫秒间隔内发生的 3 到 5 次独立的雷击,第一次雷击的峰值电流大约为 2 万安培,后续雷击的峰值电流减半。最后一次雷击之后,可能会有大约 150 安培的连续电流,持续时间达 100 毫秒。

经测量,这些雷击的上升时间大约为 200 纳秒或者更快。通过 2 万安培和 200 纳秒,不难计算得到 dI/dt 的值是每秒 10^{11} 安培!

7. 雷电的危害

雷电对人体的伤害,有电流的直接作用和超压或动力作用,以及高温作用。当人遭受雷电击的一瞬间,电流迅速通过人体,重者可导致心跳、呼吸停止,脑组织缺氧而死亡。另外,雷击时产生的是火花,也会造成不同程度的皮肤烧灼伤。雷电击伤,亦可使人体出现树枝状雷击纹,表皮剥脱,皮内出血,也能造成耳鼓膜或内脏破裂等。

中国是一个多自然灾害的国家,跟地理位置有着不可分割的关系,雷电灾害在中国也有不少,最为严重的是广东省以南的地区,东莞、深圳、惠州一带的雷电自然灾害已经达到世界之最,这些地方也是因为大气层位置比较偏低所造成的影响。纽约是雷电灾害最多的地区,在近几年更是明显加强,我国的东莞近几年最为严重,雷电所带来的经济亏损在夏季 5 至 8 月之间,东莞当季的 GDP 比例亏损度接近 6%,上千万的经济亏损,也是严重的自然灾害多发区域。多起雷电伤人事件在东莞地区每年都会发生,达到了全世界雷击人事件最频繁、最多的地区。是中国,乃至全世界的雷电受灾重区之一。

8. 防雷击须知

雷电发生时产生的雷电流是主要的破坏源,其危害有直接雷击、感应雷击和由架空线引导的侵入雷。如各种照明、通讯等设施使用的架空线都可能把雷电引入室内,所以应严加防范。

(1)雷击易发生的部位

①缺少避雷设备或避雷设备不合格的高大建筑物、储罐等;

②没有良好接地的金属屋顶;

③潮湿或空旷地区的建筑物、树木等;

④由于烟气的导电性,烟囱特别易遭雷击;

⑤建筑物上有无线电而又没有避雷器和没有良好接地的地方。

(2)预防雷电的方法

应急要点：

①注意关闭门窗,室内人员应远离门窗、水管、煤气管等金属物体。

②关闭家用电器,拔掉电源插头,防止雷电从电源线入侵。

③在室外时,要及时躲避,不要在空旷的野外停留。在空旷的野外无处躲避时,应尽量寻找低洼之处(如土坑)藏身,或者立即下蹲,降低身体高度。

④远离孤立的大树、高塔、电线杆、广告牌。

⑤立即停止室外游泳、划船、钓鱼等水上活动。

⑥如多人共处室外,相互之间不要挤靠,以防雷击中后电流互相传导。

专家提示,在雷雨天气时：

①高大建筑物上必须安装避雷装置,防御雷击灾害。

②在户外不要使用手机。

③对被雷击中人员,应立即采用心肺复苏法抢救。

④雷雨天尽量少洗澡,太阳能热水器用户切忌洗澡。

9. 雷云对地放电的基本过程

①雷云中的负电荷逐渐积累,同时在附近地面上感应出正电荷。

②当雷云与大地之间局部电场强度超过大气游离临界场强时,就开始有局部放电通道自雷云边缘向大地发展——先导放电(先导放电发展的平均速度较低约为 1.5×10^5 m/s,表现出的电流不大,约为数百安培),先导通道具有导电性,因此雷云中的负电荷沿通道分布,并继续向地面延伸,地面上的感应正电荷也逐渐增多。

③先导通道发展临近地面时,由于局部空间电场强度的增加,常在地面突起出现正电荷的先导放电向天空发展——迎面先导。

④先导通道到达地面或与迎面先导相遇后,在通道端部因大气强烈游离而产生高密度的等离子区,自下而上迅速传播,形成一条高导电率的等离子通道,使先导通道以及雷云中的负电荷与大地的正电荷迅速中和——主放电过程(主放电的发展速度很快,约为 2×10^7 m/s～1.5×10^8 m/s,出现很强的脉冲电流,可达几十至三百千安培)。

⑤主放电到达云端结束,云中的残余电荷经过主放电通道流下来——余光放电。

6.2 避雷针、避雷线的保护范围

1. 避雷针的工作原理

原来,避雷针应叫"引雷针"。在雷雨天气,高楼上空出现带电云层时,避雷针和高楼顶部都被感应上大量电荷,由于避雷针针头是尖的,而静电感应时,导体尖端总是聚集了最多的电荷。这样,避雷针就聚集了大部分电荷。避雷针又与这些带电云层形成了一个电容器,由于它较尖,即这个电容器的两极板正对面积很小,电容也就很小,也就是说它所能容纳的电荷很少。而它又聚集了大部分电荷,所以,当云层上电荷较多时,避雷针与云层之间的空气就很容易被击穿,成为导体。这样,带电云层与避雷针形成通路,而避雷针又是接地的。避雷针就可以把云层上的电荷导入大地,使其不对高层建筑构成危险,保证了它的安全。

避雷针的工作原理就其本质而言,避雷针不是避雷,而是利用其高耸空中的有利地位,把雷电引向自身,承受雷击。同时把雷电流泄入大地,起着保护其附近比它矮的建筑物或设备免受雷击的作用。避雷针由接受器、接地引下线和接地体(接地极)三部分串联组成。

避雷针的接受器是指避雷针顶端部分的金属针头。接受器的位置都高于被保护的物体。接地引下线是避雷针的中间部分,是用来连接雷电接受器和接地体的。接地引下线的截面积不但应根据雷电流通过时的发热情况计算,使其不会因过热而熔化,而且还要有足够的机械强度。接地体是整个避雷针的最底下的部分。它的作用不仅是安全地把雷电流由此导入地中,而且还要进一步使雷电流在流入大地时均匀地分散开去。

2. 避雷针的保护范围

目前世界各国关于避雷针保护范围的计算公式在形式上各有不同,大体上有如下几种计算方法:

(1)折线法:即单一避雷针的保护范围为一折线圆锥体。

(2)曲线法:即单支避雷针的保护范围为一曲线锥体。

(3)直线法:是以避雷针的针尖为顶点作一俯角来确定,有爆炸危险的建筑物用45°角,对一般建筑物采用60°角,实质上保护范围为一直线圆锥体。

自1983年起,我国正式制定了自己的防雷规范。目前我国建筑防雷规范 GB50057—94 也采纳了国际电工委员会(IEC)推荐的"滚球法"作为避雷针保护范围的计算方法。

避雷针保护其附近比它矮的建筑物或设备免受雷击是有一定范围的。这范围像一顶以避雷针为中心的圆锥形的帐篷,罩在帐篷里面空间的物体,可以免遭雷击,这就是避雷针的保护范围。

单支避雷针的保护范围如图 6.1 所示,它的具体计算通常采取下列方法(这种方法是从实验室用冲击电压发生器做模拟试验获得的)。

避雷针在地面上的保护半径为

$$r = 1.5h \tag{6.1}$$

式中,r——保护半径(m);

$\quad h$——避雷针高度(m)。

在被保护物高度 h_x 水平面上(即 $h_x \geqslant \dfrac{h}{2}$ 时)的保护半径为

$$r_x = (h - h_x)p \tag{6.2}$$

当 $h_x < \dfrac{h}{2}$ 时,保护半径为

$$r_x = (1.5h - 2h_x)p \tag{6.3}$$

式中,r_x——避雷针在 h_x 水平面上的保护半径(m);

$\quad h_x$——被保护物的高度(m);

$\quad h_a$——避雷针的有效高度(m);

$\quad p$——高度影响系数(考虑避雷针太高时,保护半径不按正比例增大的系数)。

$h \leqslant 30\text{m}$ 时,$p = 1$。$30 < h \leqslant 120\text{m}$ 时,$p = \dfrac{5.5}{\sqrt{h}}$。

图 6.1 中顶角 α 称为避雷针的保护角。对于平原地区 α 取 45°;对于山区,保护角缩小,α

取 37°。

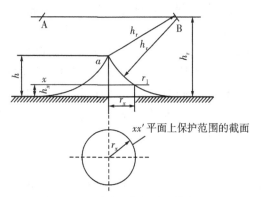

图 6.1　避雷针的保护范围模拟图形

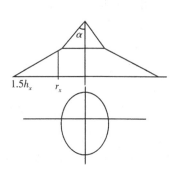

图 6.2　避雷针的保护范围计算图形

我们通过一个具体例子来计算单支避雷针的保护范围。一座烟囱高 $h_x = 29\text{m}$，避雷针尖端高出烟囱 1m。那么避雷针高度＝30m，

避雷针在地面上的保护半径

$$r = 1.5h = 1.5 \times 30 = 45(\text{m})$$

避雷针对烟囱顶部水平面的保护半径

$$r_x = (h - h_x)p = (30 - 29) \times 1 = 1(\text{m})$$

随着所要求保护的范围增大。单支避雷针的高度要升高，但如果所要求保护的范围比较狭长（如长方形），就不宜用太高的单支避雷针，这时可以采用两支较矮的避雷针。两支等高避雷针的保护范围如图 6.2 所示。

每支避雷针外侧的保护范围和单支避雷针的保护范围相同；两支避雷针中间的保护范围由通过两避雷针的顶点以及保护范围上部边缘的一最低点 O 作一圆弧来确定。这个最低点 O 离地面的高度为

$$h_0 = h - \frac{D}{7p} \tag{6.4}$$

式中，h_0——两避雷针之间保护范围上部边缘最低点的高度（m）；

　　h——避雷针的高度（m）；

　　D——两避雷针之间的距离（m）；

　　p——高度影响系数。

两避雷针之间高度为 h_x 水平面上保护范围的一侧的最小宽度

$$b_x = 1.5(h_0 - h_x) \tag{6.5}$$

当两避雷针间距离 $D = 7h_p$ 时，$h_0 = 0$，这意味着此时两避雷针之间不再构成联合保护范围。

当单支或双支避雷针不足以保护全部设备或建筑物时，可装三支或更多支形成更大范围的联合保护，其保护范围在此不再赘述。

需要注意的是，雷电时期内，在避雷针接地装置附近，由于跨步电压甚高，人员接近时有触电的危险，一般在避雷针接地装置附近约 10 米的范围内是比较危险的。

3. 避雷线的保护范围

前边讲述的对高大建筑物或设备比较集中区域采用避雷针来进行防雷保护。但是对于距离很长而且分散的输电线路,一旦遭受雷击,就会造成断线,甚至雷击时产生的强大电流会沿着输电线进入到变电所或用户,对电气设备产生极大的破坏。因此,对输电线路必须采用避雷线保护。在我国,一般 35kV 以下输电线路不架设避雷线,35kV 及以上等级输电线路要求必须架设避雷线。

(1)单根避雷线的保护范围

避雷线是在输电线上方沿着线路行进方向直线排列的一条直线。一般情况下,避雷线的保护角在 15~25°之间。因此,避雷线的保护范围在地面的投影就是以避雷线的投影线(避雷线在电杆上的悬挂点)为中心,以被保护设备与避雷线的距离 r 为半径,两边各伸出长度为 r 宽的带状区域。避雷线的保护范围计算过程与单只避雷针的保护范围相似,这里不再赘述。

(2)双根避雷线的保护范围

我国电力系统输变电安全规程规定,110kV 及以上电压等级输电线路要求采用双根避雷线保护。因为电压等级越高的输电线路多处在野外或山区,周围高大建筑物极少,因此遭受雷击的概率很高,为了保证线路不被雷击,必须采用双根避雷线保护。双根避雷线的保护范围明显比单根避雷线要大得多,可以将高压输电线两边线保护在内,保证线路安全。

6.3　金属氧化物避雷器绝缘试验

随着电力系统的电压等级不断提高,在雷击或电力系统操作过电压作用下会引起线路频繁发生跳闸事故,影响安全可靠地供电。因此,在输电线路中要装设一种装置在过电压产生时能快速将过电压导入大地,降低过电压的幅值和危害。这就是避雷器。从 60 年代至今,随着工业技术不断发展,避雷器经历了几个阶段的发展:角型保护间隙、排气式避雷器、普通阀型避雷器 FS、阀型磁吹式避雷器。直到 20 世纪后期,科学家们发明了保护性能优越、无火花间隙的金属氧化物避雷器——氧化锌避雷器,目前在各国电力系统氧化锌避雷器以其独特的优良的保护特性成为电力系统防雷保护的首选。因此,本书中主要讲解氧化锌避雷器的绝缘测试和性能测试。

1. 金属氧化物避雷器简介

金属氧化物避雷器又称氧化锌避雷器,是与前述几种传统的避雷器不同的新型避雷器。从 20 世纪 80 年代开始,已经在电力系统推广并大批量生产。它也属于阀型避雷器,但是由于阀片电阻选用非线性接近于理想非线性电阻的氧化锌做阀片电阻,所以具有非常理想的截断过电流的作用。它主要由氧化锌压敏电阻构成,每一块压敏电阻从制成时就有一定的开关电压,在正常的工作电压下,阀片电阻阻值相当大,相当于绝缘状态;当冲击性很强的雷电波到来时,阀片电阻阻值接近于无穷小,相当于短路状态,过电流通过阀片电阻与接地体导入大地,降为零电位。但是,大家会想到一个新的问题:过电压导入大地后,工作电压也会顺导通的阀片电阻导入大地,自动重合闸装置肯定会跳闸,供电中断。其实不然。阀片电阻将冲击电流导入地后,当工作电流流过阀片电阻时,阀片电阻值又变为很大,阻碍工作电流,呈现开路状态。因此,利用氧化锌阀片电阻的理想的非线性特性,就可以在雷击时,将远高于阀片电压的雷电波导入大地,使电力线路免遭雷击,从而保护了设备和线路的安全。

在额定电压下,流过氧化锌避雷器阀片电阻的电流仅有 5~10A,相当于绝缘体。因此,可以不用火花间隙来隔开线路上的工作电压和阀片电阻。当作用在金属氧化锌避雷器上的电压超过定值时,阀片阻值"降低",相当于"导通",将大电流通过阀片泄入大地中降为零,此时避雷器上的残压已经很低不会超过被保护设备的耐压值,起到保护设备的作用。当工作电压降到动作电压以下,阀片阻值"升高",相当于"截止"状态,阀片又恢复绝缘性能。由于没有火花间隙,所以整个过程中没有电弧燃烧与熄灭的问题,比起前述几种型式的避雷器有很多优点。

2. 氧化锌避雷器绝缘测试

(1)绝缘测试的目的

①避雷器在制造过程中可能存在进入杂质、气泡等缺陷而未被检查出来,如遇雨天或潮湿的环境内部就会带进潮气;

②在运输过程中发生磕碰、内部瓷管破裂、阀片电阻震断、外壳瓷套刮碰掉等;

③运行中并联电组和阀片老化等原因。

以上这些原因都会导致氧化锌避雷器在运行中击穿电压降低,影响电力系统稳定运行。因此必须定期进行绝缘测试,掌握绝缘发展变化情况。

目前国内预试规程对氧化锌避雷器的测试项目有以下几项:

①绝缘电阻测试。

②直流 1mA 下的电压及 75%该电压下泄漏电流的测量。

③运行电压下交流泄漏电流及阻性分量的测量(有功分量和无功分量)。

(2)绝缘电阻测试

测量前应先检查瓷套有无外伤,测量绝缘电阻时用兆欧表,把兆欧表的接线端子引出线与避雷器可靠连接,兆欧表放水平位置,摇动摇柄时速度不能太快或太慢,一般以恒定转速120r/s。

测试前,为了消除瓷套表面泄漏电流的影响,应用干燥洁净的布将瓷套表面擦净。用金属丝在下端瓷套的第一裙下部绕一圈再接到兆欧表的屏蔽接线柱。

测试要求:

①电压等级在 35kV 及以下用 2500V 的兆欧表,绝缘电阻不小于 1000MΩ;

②35kV 以上用 5000V 兆欧表,绝缘电阻不小于 2500MΩ;

③低压(1kV 以下)用 500V 兆欧表,绝缘电阻不小于 2MΩ。

基座的绝缘电阻不低于 5MΩ。

(3)测量氧化锌避雷器直流 1mA 下的电压及 75%该电压下泄漏电流

该项测试主要是检查氧化锌避雷器阀片是否受潮,确定其动作性能是否符合要求。为防止表面泄漏电流的影响,测量前应将瓷套表面擦拭干净。

①金属氧化锌避雷器。

②0.75 倍直流参考电压下的泄漏电流值不应大于 50μA。

(4)阻性电流测试

在交流电流作用下,避雷器的总泄漏电流包含阻性电流(有功分量)和容性电流(无功分量)。在正常运行情况下,流过避雷器的主要电流为容性电流,阻性电流只占大约 10%~20%。但当阀片老化、避雷器受潮、内部绝缘部件受损以及表面严重污损时,容性电流变化不多,而阻性电流却大大增加,所以测量交流泄漏电流及其有功分量是检测避雷器性能的最好方法。

3. 测试方法

（1）测量金属氧化物避雷器及基座绝缘电阻

避雷器是变配电所中过电压保护的一种主要设备。测量避雷器的绝缘电阻是判断避雷器是否因密封不严而受潮的有效方法；当避雷器密封良好时，绝缘电阻很高，受潮后则下降很多。

①测试方法：

a. 将兆欧表量程选定为 2500V；兆欧表 L 端接避雷器高压侧引出线部分；用裸线将外壳可靠接地并连接至兆欧表 E 端。

b. 接通测试电源，电源指示灯亮。

c. 等待约 60s，读取测试值并记录，此时的读数为避雷器的绝缘电阻。

d. 关闭测试电源，电源指示灯灭。

e. 避雷器绝缘底座绝缘电阻的测试方法同避雷器的绝缘电阻测试；只是将兆欧表的 L 端和 E 端接入绝缘底座的两端即可。

接线示意图如图 6.3 所示：

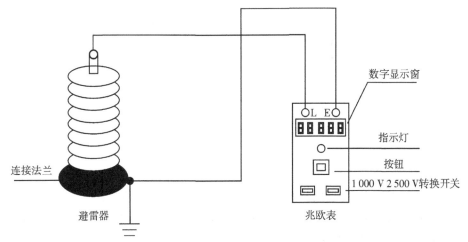

图 6.3　测量金属氧化物避雷器及基座绝缘电阻接线示意图

f. 金属氧化物避雷器绝缘电阻测量，应符合下列要求：

- 35kV 以上电压：用 5000V 兆欧表，绝缘电阻不小于 2500MΩ；
- 35kV 及以下电压：用 2500V 兆欧表，绝缘电阻不小于 1000MΩ；
- 低压（1kV 以下）：用 500V 兆欧表，绝缘电阻不小于 2MΩ。
- 基座绝缘电阻不低于 5MΩ。

（2）测量金属氧化物避雷器的工频参考电压和持续电流

工频参考电压是无间隙金属氧化锌避雷器的一个重要参数，它表明阀片的伏安特性曲线饱和点的位置。一般情况下避雷器的工频参考电压峰值与避雷器的 1mA 下的直流参考电压相等。工频参考电流是测量避雷器工频参考电压时的工频电流阻性分量的峰值。测量金属氧化物避雷器对应于工频参考电流下的工频参考电压，主要目的是检验它的动作特性和保护特性。

测量金属氧化物避雷器的工频参考电压和持续电流是针对避雷器在带电运行情况下进行的在线测试,测试时须逐台(单相)进行。

①试验方法

测量金属氧化物避雷器的工频参考电压和持续电流有"试验室测试"和"在线测试"两种方法。在安装施工前应采用试验室测试方法,对已投入运行的避雷器可采用在线测试法。

a.第一种方法:试验室测试法

采用试验室测试方法时,需要配置可调交流高压电源,电压信号输入接到试验变压器的测量仪表端,氧化锌避雷器一端接高压,另一端经保护器接地,与仪器的地联接在一起。交流电流信号输入端接到避雷器的下端和地。

测试时按照仪器提示项进行选择操纵即可,测试结束后,仪器显示屏将自动显示出测试结果,同时也可自动打印出测试结果(配套可调交流高压电源的操作方法参见项目三)。

接线示意图如图6.4所示:

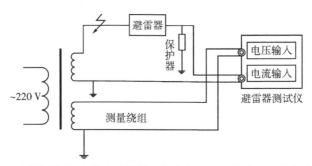

图6.4 测量金属氧化物避雷器的工频参考电压和持续电流接线示意图

b.第二种方法:在线测试法(带电测试)

在线测量时电压信号输入端接到与被测避雷器位于同相PT的二次测,电流信号输入端接到避雷器的计数器两端,仪器的接地端接至计数器的下端并与地相连。

由于试验操作时需从被试避雷器运行时高压对应电压互感器的二次采样相电压;同时,需取放电计数器运行时的通过电流(接线时必须注意:应先将仪器的电流取样导线接至放电计数器两端,然后断开放电计数器两端的原有接线)。

接线示意图如图6.5所示。

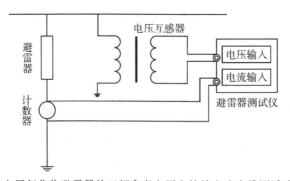

图6.5 测量金属氧化物避雷器的工频参考电压和持续电流在线测试法接线示意图

②注意事项

a.从 PT 处或试验变压器测量端取参考电压时,应仔细检查接线以避免 PT 二次或试验电压短路。

b.在接线过程中注意不要把电流和电压取样线接错。

c.采用试验室试验方法进行试验时,高压电源不能用串激试验变压器。

d.测量金属氧化物避雷器的工频参考电压和持续电流,应符合下列要求:

· 金属氧化物避雷器对应于工频参考电流下的工频参考电压,整支或分节进行的测试值,应符合《交流无间隙金属氧化物避雷器》GB11032 或产品技术条件的规定;

· 测量金属氧化物避雷器在避雷器持续运行电压下的持续电流,其阻性电流或总电流值应符合产品技术条件的规定。

注:金属氧化物避雷器持续运行电压值参见现行国家标准《交流无间隙金属氧化物避雷器》GB11032。

e.测试数据应符合产品技术特性要求,与出厂资料及历次试验数据比较应无明显差异。

(3)测量金属氧化物避雷器直流参考电压和 0.75 倍直流参考电压下的泄漏电流

直流 1mA 下的电压 U_{1mA} 为被试品通过 1mA 电流时,其两端的直流电压值。它是氧化锌避雷器的一个重要参数,其值决定于过电压保护配合系数与阀片压比,而该值又影响到避雷器的荷电率(荷电率 $S=\sqrt{2}U_{CH}/U_{1mA}$,其中 U_{CH} 为持续运行电压)。荷电率增高,避雷器的可靠性将随之下降,如超越某一限度,避雷器将会出现损坏甚至发生爆炸事故,直接危及系统的安全运行。

①试验方法

a.据避雷器实际接线情况,按照图示进行正确试验接线。

b.先将直流高压发生器的高压输出导线接至被测避雷器的高压侧端子,将避雷器法兰部分和测试仪器的外壳、支架、操作箱一起连接并可靠接地。

c.连接倍压装置与控制操作箱之间的数字电缆,接入与操作箱匹配的工作电源。

d.把仪表、仪器、操作台、倍压装置放至平稳可靠的场地,设置现场试验安全防护。

e.根据被试避雷器 1mA 下的电压,调整出电压整定值至适当的数值。

f.按下电源按钮,绿灯亮;按下高压按钮,红灯亮。

g.先使用粗调旋钮均匀升流至额定试验电流的 90% 左右(0.9mA),此时应观察电流表指示情况;再使用细调旋钮调整电流至 1mA,试验数值显示稳定后,迅速读取电压值并记录。此时测得电压值即为直流 1mA 电流下的直流参考电压。

h.按下"0.75Ue"按钮,黄灯亮;此时操作箱显示屏显示的输出电流会随之下降。

i.待操作箱显示屏上显示的电流读数稳定后,记录测试值。

j.迅速均匀降压至零;按下停止按钮,红灯灭、黄灯灭、绿灯亮。

k.关闭电源开关,绿灯灭;断开操作箱工作电源,对被试设备进行充分放电。

接线示意图如图 6.6 所示。

l.测量金属氧化物避雷器直流参考电压和 0.75 倍直流参考电压下的泄漏电流应符合下列规定:

· 金属氧化物避雷器对应于直流参考电流下的直流参考电压,整支或分节进行的测试值,不应低于现行国家标准《交流无间隙金属氧化物避雷器》GB11032 规定值,并符合产品技

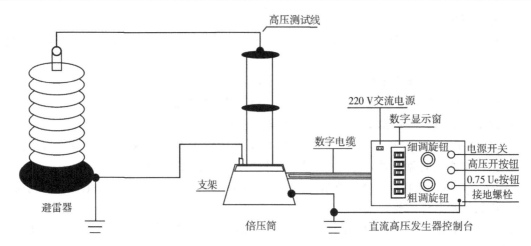

图 6.6 测量金属氧化物避雷器直流参考电压和 0.75 倍直流参考电压下的泄漏电流接线示意图

术条件的规定。实测值与制造厂规定值比较，变化不应大于±5%；

· 0.75 倍直流参考电压下的泄漏电流值不应大于 50μA，或符合产品技术条件的规定；

· 试验时若整流回路中的波纹系数大于 1.5% 时，应加装滤波电容器，可为 0.01～0.1μF，试验电压应在高压侧测量。

(4)检查放电记数器动作情况及监视电流表指示

①第一部分：检查放电记数器动作情况。

避雷器放电计数器是串联在避雷器放电回路中，专门用来记录避雷器内部动作次数的装置。每当放电计数器两端电压达到一定值时即触发其动作一次。

a.试验方法

· 把被试放电计数器上端的接线拆去；仔细检查玻璃壳和小绝缘子有无裂缝和损伤，密封圈是否完好，规格型号是否与设计相符。

· 将计数器下端接测试仪的地线端。

· 打开测试开关，用测试仪的测试端瞬间接触计数器上端已拆开的端子，并迅速使其离开，此时放电器应动作，计数器读数应加"1"。

· 以此方法应测试 3～5 次（对新建变配电所，应使避雷器计数器的指针回零），关闭测试器开关。

· 恢复避雷器接线。

接线示意图如图 6.7 所示：

b.注意事项

· 测试仪器必须是经国家有关检定部门检定合格并在有效使用期内。

· 测试前，测试仪尾端的接地线必须牢靠接地。

· 当测试电源打开后，测试仪前端即为高压，不得触及自己或他人，以防电击。

· 测试时，应注意接触频率，若发现一次走两个字或不走字的现象，应分析原因并进行复测。

②第二部分：检查监视电流表指示。

监视电流表是用来测量避雷器在运行状况下的泄漏电流，是判断避雷器运行状况的依据。

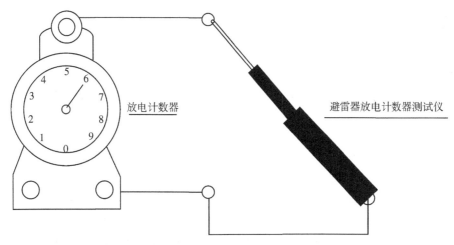

避雷器放电计数器测试示意图

图 6.7 检查避雷器放电记数器动作情况接线示意图

由于现场经常出现指示不正常的现象,所以监视电流表宜在安装后进行校验或比对试验,使监视电流表指示良好。

使用仪器为继电保护综合测试仪;型号/规格:PW366A。

· 将"监视电流表"两端的连线拆除,检查其外观是否异常。

· 检查"监视电流表"的刻度值范围,一般将刻度全范围分为 3 段(1/3、2/3、3/3)作为试验值进行试验。

· 按照示意图接线,接入与仪器相符的工作电源,将"监视电流表"串接于继电保护综合测试仪输出的单相电流回路中。

· 开启试验仪器,输出与各试验刻度值相应的电流值;对每个试验电流值均进行 3 次试验,记录"监视电流表"每次的读数;关闭电源,试验结束。

测试结果应不大于"监视电流表"的百分比误差,与历次测试数据进行比较,应无明显差别。

接线示意图如图 6.8 所示:

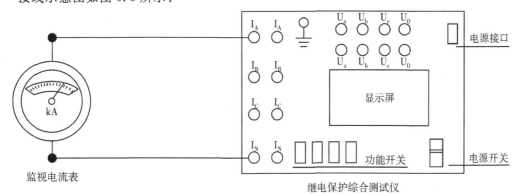

图 6.8 检查避雷器的"监视电流表"指示接线示意图

在检测试验避雷器应及时填写原始记录,待数据整理后认真填写试验报告。

技能训练模块

技能训练测试项目：

1. 避雷针接地电阻的测量

测试任务说明：测试教学楼或某高层楼房的接地电阻，或者测试避雷针或电杆的接地电阻。

测试仪器：接地电阻测试仪。

(1)使用接地电阻测试仪准备工作

①熟读接地电阻测量仪的使用说明书，应全面了解仪器的结构、性能及使用方法。

②备齐测量时所必须的工具及全部仪器附件，并将仪器和接地探针擦拭干净，特别是接地探针，一定要将其表面影响导电能力的污垢及锈渍清理干净。

③将接地干线与接地体的连接点或接地干线上所有接地支线的连接点断开，使接地体脱离任何连接关系成为独立体。

(2)使用接地电阻测试仪测量步骤

①将两个接地探针沿接地体辐射方向分别插入距接地体 20m、40m 的地下，插入深度为400mm，如下图 6.9 所示。

②将接地电阻测量仪平放于接地体附近，并进行接线，接线方法如下：

· 用最短的专用导线将接地体与接地测量仪的接线端 E1(三端钮的测量仪)或与 C2 短接后的公共端(四端钮的测量仪)相连。

· 用最长的专用导线将距接地体 40m 的测量探针(电流探针)与测量仪的接线钮 C1相连。

· 用余下的长度居中的专用导线将距接地体 20m 的测量探针(电位探针)与测量仪的接线端 P1 相连。

③将测量仪水平放置后，检查检流计的指针是否指向中心线，否则调节"零位调整器"使测量仪指针指向中心线。

④将"倍率标度"(或称粗调旋钮)置于最大倍数，并慢慢地转动发电机转柄(指针开始偏移)，同时旋动"测量标度盘"(或称细调旋钮)使检流计指针指向中心线。

⑤当检流计的指针接近于平衡时(指针近于中心线)加快摇动转柄，使其转速达到 120r/min以上，同时调整"测量标度盘"，使指针指向中心线。

⑥若"测量标度盘"的读数过小(小于1)不易读准确时，说明倍率标度倍数过大。此时应将"倍率标度"置于较小的倍数，重新调整"测量标度盘"使指针指向中心线上并读出准确读数。

⑦计算测量结果，即 $R_{地}$＝"倍率标度"读数×"测量标度盘"读数。

序号	接地电阻 $R_e(\Omega)$	序号	接地电阻 $R_e(\Omega)$
1		4	
2		5	
3		6	
计算结果 $\overline{R_e}=$			

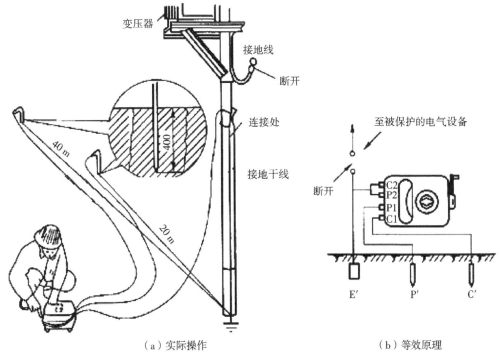

（a）实际操作　　　　　　　　　　（b）等效原理

图 6.9　接地电阻测试使用图解

2.氧化锌避雷器基座及套管的绝缘电阻、吸收比的测试

测试仪器:兆欧表。

测试方法见教材讲授内容。

3.氧化锌避雷器直流 1mA 下的电压及 75％该电压下的直流泄漏电流的测量

测试仪器:GD2000 直流高压发生器。

测试方法:测试方法见教材讲授内容。

表 6.1　氧化锌避雷器基座及套管的测试

测试项目　　序号	绝缘电阻测试		氧化锌避雷器直流 1mA 下电压及 75％该电压下直流泄漏电流的测量	
	R_{15}	R_{60}	直流 1mA 下的电压 U_e	$0.75U_e$ 下的直流泄漏电流
1				
2				
3				
4				
5				
6				
计算结果	$\overline{K}=$		$\overline{U_e}=$	$\overline{I}=$

作业与思考

1.雷电的危害有哪些？为什么要采取防雷？

2.说明双支登高避雷针的保护范围的计算方法与过程。

3.避雷器的测试项目有几项？

4.土壤的电阻率对接地电阻大小有什么影响？

5.变电所的接地网采用什么结构？什么材料？

6.提高各种电压等级输电线路耐雷水平的措施有哪些？

项目七　套管和绝缘子试验

【项目描述】

绝缘子和套管是电力系统和牵引供电系统不可缺少的绝缘体。在电气设备运行中起到非常重要的保护作用。本项目通过对套管和绝缘子的绝缘测试和特性测试,掌握套管和绝缘子的绝缘劣化过程及耐压强度。

【学习目标】

1. 了解套管和绝缘子在电力系统中的作用;
2. 掌握套管、绝缘子的结构;
3. 掌握套管、绝缘子的绝缘测试方法;
4. 根据测试结果进行数据整理、记录,计算、分析能力。

【知识储备】

7.1　套管和绝缘子作用及结构

绝缘子是电力和牵引供电系统大量使用的一种绝缘部件,广泛应用的有瓷质绝缘子、钢化玻璃绝缘子、半导体釉和有机复合绝缘子。在线路上使用的绝缘子多为针式、悬式及棒式;在变配电所内使用的大多为支柱式绝缘子,且还有户内、户外的分别。

1. 套管

(1)套管的作用

电气设备安装或施工时经常会遇到将架空线路引入室内配电装置的情形,必须要用到穿墙套管。套管的作用是将载流导体穿过墙壁、楼板时使其与大地绝缘。电容式套管是将变压器内部的高压线引到油箱外部的出线装置,不仅作为引线的对地绝缘,而且还起着固定引线的作用,是变压器重要附件之一。

(2)套管的分类

套管可分为充油式套管和电容式套管。

充油式套管中的电缆纸类似于电容式套管中的均压极板。电容式套管中的电容芯子就是一串同轴圆柱形的电容器,而在充油式套管中,绝缘纸的介电常数比油要高,从而可以降低该处的场强。充油式套管又可分为单油隙和多油隙套管,电容式套管又可分为胶纸和油纸套管。

(3)特征

当载流导体需要穿过与其电位不同的金属箱壳或墙壁时,需用套管。根据这种适用场合,套管可以分为变压器套管、开关或组合电器用套管、穿墙套管。对于这种"插入式"的电极布置,外电极(如套管的中间法兰)边缘处的电场十分集中,放电常从这里开始。

2. 绝缘子

(1)绝缘子的分类

①绝缘子通常分为可击穿型和不可击穿型。

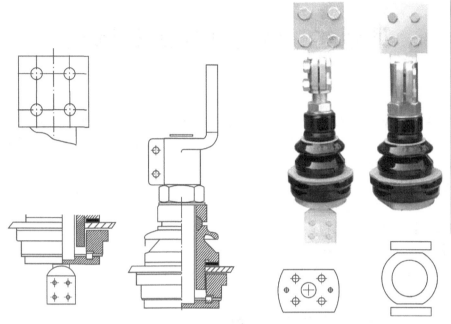

图 7.1 高压套管结构

②按结构可分为柱式（支柱）绝缘子、悬式绝缘子、针式绝缘子、蝶式绝缘子、拉紧绝缘子、防污型绝缘子和套管绝缘子。

③按应用场合又分为线路绝缘子和电站、电器绝缘子。其中用于线路的可击穿型绝缘子有针式、蝶形、盘形悬式，不可击穿型有横担和棒形悬式。用于电站、电器的可击穿型绝缘子有针式支柱、空心支柱和套管，不可击穿型有棒形支柱和容器瓷套。

④架空线路中所用绝缘子，常用的有针式绝缘子、蝶式绝缘子、悬式绝缘子、瓷横担、棒式绝缘子和拉紧绝缘子等。

⑤现在常用的绝缘子有：陶瓷绝缘子、玻璃钢绝缘子、合成绝缘子、半导体绝缘子。

（2）耐污型棒型支柱复合绝缘子

电站用 12kV～252kV 耐污型棒型支柱复合绝缘子用于 10kV～220kV 交流系统中运行的电力设备和装置，尤其适用于污秽地区，能有效防止污闪事故，减少运行中维护工作量，是一种性能优良的新一代绝缘子产品。棒型支柱复合绝缘子伞裙具有良好的憎水性。此外，伞裙还有很好的抗老化性能，经 1000h 人工加速老化实验、数年自然老化实验和 6 年的运行实验表明：其性能无明显下降。棒型支柱复合绝缘子机械性能主要由芯棒（材料为环氧玻纤引拔棒）承担。其抗张和抗弯强度＞500MPa，是高强度瓷材料的 5～10 倍，且分散性极小，变异系数在3％以内，可靠性高。棒型支柱复合绝缘子具有体积小，重量轻（仅为瓷绝缘子的 1/3～1/5），不易破碎等特点，给运输、安装、维护带来极大方便，并具有良好的抗震性。其外形结构图如图7.2 所示。

（3）户内支柱绝缘子

①作用户内支柱绝缘子用于额定电压 6～35kV 户内电站，变电所配电装置及电气设备，用以绝缘和固定导电部分。绝缘子适用于周围环境温度为－40℃～＋40℃，安装地点海拔高

度普通型不超过1000m,高原型不超过4000m。绝缘子按胶装结构分为外胶装、内胶装和联合胶装三种结构型式,绝缘子按额定电压与抗弯强度等级分类如表7.1所示:

表7.1　绝缘子的抗弯强度

额定电压 kV	抗弯强度 kN		
	外胶装	内胶装	联合胶装
6	3.75,7.5	4	—
10	3.75,7.5,20	4,(7),8,16	4
20	20	—	30
35	—	(7.5)	4,(7.5),8

②结构。

绝缘子由瓷件和上、下金属附件用胶合剂胶装而成。瓷件端面与金属附件胶装接触部位垫有弹性衬垫,瓷件胶装部位分别采用上砂、滚花、挖槽等结构,以保证机械强度、防止松动、扭转。瓷件表面均匀上白釉,金属附件表面涂灰磁漆。绝缘子瓷件主体结构有空腔隔板(可击穿式)结构和实心(不可击穿式)结构两种。联合胶装支柱绝缘子一般属实心不可击穿式结构。后一种结构比前一种结构提高了安全可靠性,减少了维护测试工作量。

绝缘子瓷件外形有多棱或少棱两种,多棱型增加了沿面距离,电气性能优于少棱型,除将逐步淘汰的外胶装支柱绝缘子外,其余产品均为多棱型。内胶装结构,由于金属附件胶入瓷件孔内,相应地增加了绝缘距离,提高了电气性能,同时也缩小了安装时所占空间位置,但由于内胶装对提高机械强度不利,故机械强度要求较高的绝缘子,宜采用联合胶装(即上附件采用内胶装,下附件采用外胶装)。如图7.3所示为高压户内支柱绝缘子。

图7.2　耐污型棒形支柱复合绝缘子　　　　图7.3　高压户内支柱绝缘子

(4)悬式绝缘子

悬式绝缘子分为悬式瓷绝缘子和复合悬式绝缘子。悬式瓷绝缘子结构如图7.4所示;复合悬式绝缘子结构如图7.5所示。

套管、绝缘子主要是以绝缘和金属部分构成的高压电器,在装卸、运输、储存以及安装过程中,难免受到冲击和振动。因此套管、绝缘子在投入运行前,必须按照标准规定的交接检测项目进行交接检查和试验,以鉴定套管、绝缘子的质量是否良好,并判断其性能是否满足安全运行的要求。

（a）XWP2-70耐污瓷绝缘子

（b）XP-100瓷绝缘子

（c）XWP2-160耐污绝缘子

（d）XP-70瓷绝缘子

图7.4　悬式瓷绝缘子

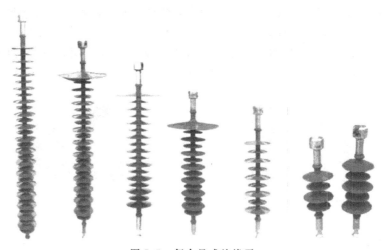

图7.5　复合悬式绝缘子

7.2　套管和绝缘子测试

1. 试验前应做好的准备工作

①将套管、绝缘子擦拭干净,记录环境温度、空气相对湿度及相关参数。

②如果被试套管、绝缘子已安装就位,应将电气部分拆除,并保证安全距离。

③准备好现场试验用电源设施以及有关试验设备、仪器、仪表等应用工具、连接导线、安全防护用品和可靠的接地线。

④做好现场的安全防护工作。

2. 套管、绝缘子的试验

(1)测量套管、绝缘子绝缘电阻

对套管、绝缘子的绝缘测量受温度、湿度、被试品表面清洁程度等的影响很大,故所测得的结果常作为参考数据,而不用作决定性数据。

①测试仪器:兆欧表;型号/规格:PC27-2H/1000V/2500V/0~19999MΩ。

②试验方法:

a. 把被试套管或绝缘子(含针式、悬式、支柱式、棒式绝缘子)擦拭干净。

b. 将兆欧表 L 端接被试套管或绝缘子的母线(导线)的固定(安装)端,兆欧表 E 端接被试套管或绝缘子的法兰(底座)端。

c. 选择挡位,接通测试电源、电源指示灯亮、开始测试。

d. 等待约 60s,读取测试值并做记录,此时的读数为被试套管或绝缘子的绝缘电阻。

e. 关闭测试电源,电源指示灯灭。

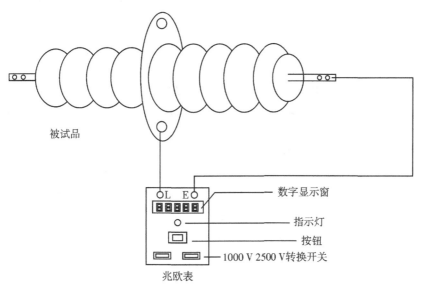

图 7.6　测量套管、绝缘子绝缘电阻接线示意图

③注意事项:

a. 测量多元件支柱绝缘子的时候,应在分层胶合处缠绕铜线,然后接到兆欧表上,以免在不同位置测得的绝缘电阻相差很大。

b. 绝缘子的绝缘电阻值,应符合下列规定:

· 用于 330kV 及以下电压等级的悬式绝缘子的绝缘电阻值,不应低于 300MΩ;用于 500kV 电压等级的悬式绝缘子绝缘电阻,不应低于 500MΩ。

· 35kV 及以下电压等级的支柱绝缘子的绝缘电阻值,不应低于 500MΩ。

· 采用 2500V 兆欧表测量绝缘子绝缘电阻值,可按同批产品数量的 10%抽查。

· 棒式绝缘子不进行绝缘测试试验。

· 半导体釉绝缘子的绝缘电阻,应符合产品技术条件的规定。

c. 套管的绝缘电阻应符合下例规定:

- 测量套管主绝缘的绝缘电阻；
- 66kV 及以上的电容型套管，应测量"抽压小套管"对法兰或"测量小套管"对法兰的绝缘电阻。采用 2500V 兆欧表测量，绝缘电阻值不应低于 1000MΩ。

（2）套管、绝缘子交流耐压试验

工频交流耐压试验是判断绝缘子耐电强度最直接和最有效的方法。在交接试验和绝缘子更换后必须进行交流耐压试验。对于非纯瓷套管还应进行介质损耗角正切值 tanδ 测试，对充油型套管还应对其绝缘油进行试验。

①试验方法：

a. 先用干燥清洁的软布擦去被试品表面的污垢，检查外表有无裂纹及掉瓷等异常情况，对充气（油）套管应检查油、气是否充足、纯净。

b. 把仪表、仪器、操作台、升压变压器放置于平稳可靠的地方进行试验。

c. 按照图 7.7 所示进行正确接线；将试验变压器的高压输出导线接至被测品的母线（导线）固定（安装）端，将试验变压器的外壳与被试品法兰（底座）端连接并可靠接地。

d. 检查遮拦设置是否完好，无关人员是否退出警戒线以外。

e. 接入符合测试设备的工作电源，电源指示绿灯亮；根据试验电流大小，调整操作箱上整定值。

f. 检查并调整操作箱上电压的旋柄到零位；按下启动按钮，红灯亮绿灯灭。

g. 开始升压，升压时在 1/3 试验电压以下可以稍快一些，其后升压要均匀，约以 3% 试验电压每秒升压，或升至额定试验电压的时间为 10～15s。

h. 根据规程要求一般情况下加至额定电压停留 60s。记录测试结果。

i. 迅速均匀的将电压降至零伏。关闭试验电源，用放电棒对被试品充分放电。

j. 各种套管或绝缘子（含针式、悬式、支柱式、棒式绝缘子）的交流耐压试验方法及接线图均与上述类同，试验时注意相应连线部位即可。

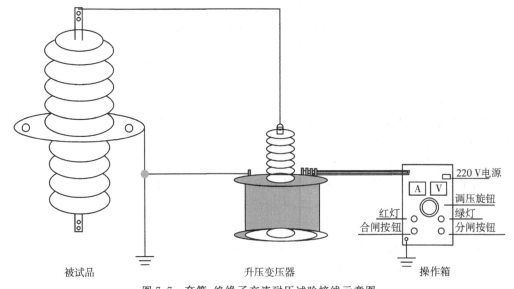

被试品　　　　　　　　　　升压变压器　　　　　　　　操作箱

图 7.7　套管、绝缘子交流耐压试验接线示意图

②注意事项：

交流耐压试验：35kV 及以下电压等级的支柱绝缘子,可在母线安装完毕后一起进行,试验电压应符合规程规定。

(3)测量 20kV 及以上非纯瓷套管的介质损耗角正切值 tanδ 和电容值

参见项目三——变压器绕组的介质损耗角正切值 tanδ 测试中相关内容,其测试接线方法基本一致;非纯瓷套管的电容值将在测试其介质损耗角正切值 tanδ 时,被同时测出并显示,在此不再赘述。

测量 20kV 及以上非纯瓷套管的主绝缘介质损耗角正切值 tanδ 和电容值,应符合规定：

①在室温不低于 10℃ 的条件下,套管的介质损耗角正切值 tanδ 不应大于规定值;

②电容型套管的实测电容量值与产品铭牌数值或出厂试验值相比,其差值应在 ±5% 范围内。

(4)套管绝缘油的试验(有机复合绝缘套管除外)

①套管中的绝缘油应有出厂试验报告,现场可不进行试验。但当有下列情况之一者,应取油样进行水分、击穿电压、色谱试验：

a.套管主绝缘的介质损耗角正切值超过规定值;

b.套管密封损坏,抽压或测量小套管的绝缘电阻不符合要求;

c.套管由于渗漏等原因需要重新补油时。

②套管绝缘油的补充或更换时应进行相应的试验(按照 GB50150—2006《电气装置安装工程电气设备交接试验标准》中规定进行)。

在检测试验绝缘子(套管)时应及时填写原始记录,待数据整理后认真填写试验报告。

技能训练模块

套管及绝缘子的测试项目有以下三项：
(1)套管、绝缘子的绝缘电阻测试
(2)套管、绝缘子的介质损耗角正切值及电容值 C 测试
(3)套管、绝缘子的交流耐压测试

以上三项测试任务方法同前边教材所讲授内容。按照每项测试的步骤及操作要点去做。测试过程中注意记录数据,计算并完成测试报告的编写。

表 7.2 套管及绝缘子的测试

测试项目 序号	绝缘电阻测试		介质损耗角正切值及电容值 C 测试		工频耐压测试	
	R_{15}	R_{60}	tanδ	C	工频电压 kV	工频电流 μA
1						
2						
3						
4						
5						
6						
计算结果	$\overline{K}=$		tanδ=	$C=$	$\overline{U_e}=$	$\overline{I}=$

作业与思考

1. 套管在电力系统中起什么作用? 绝缘子是利用什么原理来消除线路中的过电压?

2. 套管和绝缘子的结构组成是什么? 为什么套管和绝缘子的表面要涂釉质?

3. 绝缘子分为几类? 每一种绝缘子的特点有哪些?

4. 套管和绝缘子的绝缘测试项目有几项?

5. 测量套管和绝缘子的介质损耗角正切值和电容值的方法与变压器介损测试接线相同吗?

6. 如果测试前检查时发现悬式绝缘子的表面有裂纹,还要不要做绝缘电阻和交流耐压测试?

7. 绝缘子受潮后它的沿面放电电压会降低,工程上采取哪些措施提高绝缘子表面的沿面放电电压?

项目八 电力电容器试验

【项目描述】

在掌握电容器在电力系统及牵引供电系统的作用后,在交接、预防、大修等测试中能够对电力电容器的测试项目吃透、搞懂。在此基础上,分组设计电力电容器测试任务,完成所有测试项目。

【学习目标】

1.认识电容器,知道电容器的作用及其结构;

2.掌握电容器的技术参数和运行条件;

3.掌握电容器的测试方法及操作步骤;

4.掌握测试前及测试中的安全措施;

5.根据测试结果进行数据整理、记录、计算、分析能力。

【知识储备】

8.1 电力电容器简介

1.电容器简介

电力电容器的作用有:移相、耦合、降压、滤波等,常用于高低压系统并联补偿无功功率、并联交流高压断路器断口、电机启动、电压分压等。

电力系统的负荷如电动机、电焊机、感应电炉等用电设备,除了消耗有功功率外,还要"吸收"无功功率。另外电力系统的变压器等也需要无功功率,假如所有无功电力都由发电机供应的话,不但不经济,而且电压质量低劣,影响用户使用。

电力电容器在正弦交流电路中能"发"出无功功率,假如把电容器并接在负荷(电动机),或输电设备(变压器)上运行,那么,电力负荷或输电设备需要的无功功率,正好由电容器供应。

电容器的功用就是无功补偿。通过无功就地补偿,可减少线路能量损耗;减少线路电压降,改善电压质量;提高系统供电能力。并联电容器适用于频率 50Hz 的电力系统,用来提高系统的功率因数。主要用于改善交流电力系统的功率因数,降低线路损耗,提高网络末端电压质量,增大变压器的有功输出。

(1)型号及含义

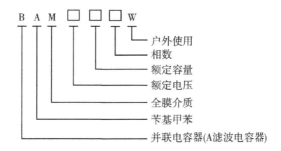

(2)技术参数

①主要参数

a. 额定频率:50Hz。

b. 端子间试验电压:交流试验电压 $2.15U_N$ 或直流试验电压 $4.3U_N$。

c. 损耗角正切值:小于0.0009。

d. 相数:单相。

e. 绝缘水平:电容器的高压端子与地之间应能承受表8.1规定的耐受电压。工频耐受电压施加的时间为1min。

表8.1　电力电容器的绝缘水平　　　　　　　　　单位:kV

额定电压	一次电路	
	工频耐受电压(方均根值)	冲击耐受电压(峰值)
6	23/30	60
10	35/42	75
斜线下方的数值为外绝缘的干耐受电压,仅在型式试验时采用		

②操作过电压:

投入运行之前电容器上的剩余电压应不超过额定电压10%。用不重击穿断路器来切合电容器组通常会产生第一个峰值不超过 $2\sqrt{2}$ 倍施加电压(方均根值),持续时间不大于1/2周波的过渡电压。在这些条件下,电容器每年可切合1000次(相应的过渡过电流峰值可达100IN)。在切合电容器更为频繁的场合,过电压的幅值和持续时间以及过渡过电流均应限制到较低的水平,其限值应协商确定并在合同中写明。

③最大允许过电流:

电容器单元应适于在电流方均根值为1.3倍该单元在额定正弦电压和额定频率下产生的电流下连续运行,过渡过程除外。由于实际电容最大可达 $1.1C_N$,故最大电流可达 $1.43I_N$。

8.2　电力电容器的试验

1. 测量绝缘电阻

当电容器在变配电所投入运行,长时间在工频环境下工作,特别是牵引变电所的电容器,经常受到多次谐波的冲击,因而更能凸显绝缘合格的重要性。

测量电力电容器两极对外壳的绝缘电阻,能够反映电容器引线套管的瓷绝缘和内部元件对外壳及绝缘介质的绝缘缺陷。因此,新品电容器和运行中的电容器应定期进行绝缘电阻试验,以保证安全运行。

测试仪器:兆欧表,型号/规格:PC27-2H/1000V/2500V/0~19999MΩ。

①测试方法:

a. 将被试品用软布擦拭干净,用裸铜导线将电容器的两极短接起来接兆欧表的L端。

b. 将电容器的外壳可靠接地,并接兆欧表的E端。

c. 打开兆欧表电源开关,60s后读取测试值并记录。

d. 断开兆欧表电源开关,使用接地良好的放电棒对被试电容器充分放电。

e.上述试验方法是针对单台单相电容器而言的,对三相一体式电容器的绝缘电阻进行测试时,其测试方法与此基本一致,在此不再赘述。

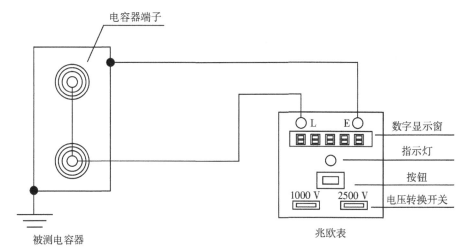

图 8.1 测量电容器绝缘电阻接线示意图

②注意事项

a.电容器是储存电荷的设备,无论在测试前和测试后,必须对其进行充分放电;放电时禁止直接短路放电,以免放电电流过大,将电容器烧坏。

b.除特殊情况,禁止用兆欧表对电容器的两极进行通电。

c.放电前要仔细检查放电棒是否经过检验合格,是否在检定期内,是否和地线接触可靠。

d.测量耦合电容器、断路器电容器的绝缘电阻应在二极间进行,并联电容器应在电极对外壳之间进行,并采用 1000V 兆欧表测量小套管对地绝缘电阻。

2. 测量耦合电容器、断路器电容器的介质损耗角正切值 tanδ 及电容值

(1)测量耦合电容器、断路器电容器的介质损耗角正切值 tanδ

使用异频全自动介质损耗测量仪,测试接线如图 8.2 所示。

①测试方法:

a.将被试品用软布擦拭干净,用裸铜导线将电容器的两极短接起来。

b.检查保护接地线是否连接可靠,并是否与外壳可靠连接。

c.把仪器摆放平整并检查试验电源电压与测试设备工作电压相符。

d.根据被试设备接地情况正确选择正、反接法。

e.将介质损耗自动测试仪测试线接与本体插孔相连接,其屏蔽线接地;另一端接在被试设备套管的导电杆上。

f.将电压挡位开关拨至试验所需电压挡位将短接线插入所需电压挡位接通测试电源,电源指示灯亮。

g.按复位按钮使显示器归零。

h.按下测试按扭等待测试,当等待红灯发亮时测量完毕,读取并记录数据。

i.关闭测试电源,电源指示灯灭。

j.使用接地良好的放电棒对被试电容充分放电。

k.上述试验方法是针对单台单相电容器而言的,对三相一体式电容器的介质损耗角正切值 tanδ 进行测试时,其测试方法与此类同,在此不再赘述。

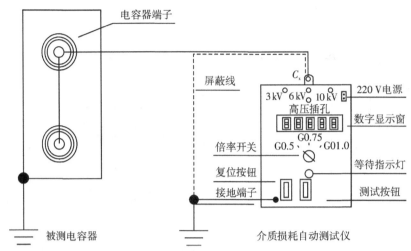

图 8.2　测量耦合电容器、断路器电容器的介质损耗角正切值 tanδ 接线示意图

②注意事项:

a.电容器是储存电荷的设备,无论在测试前或测试后,必须对其进行充分放电;放电时禁止直接短路放电,以免放电电流过大,将电容器烧坏。

b.对耦合电容器两极间绝缘的 tanδ 测试应在 10~30℃ 的条件下进行,测得的介质损耗角正切值 tanδ 应符合产品技术条件的规定。

c.放电前要仔细检查放电棒是否经过检验合格,是否在检定期内,是否和地线接触可靠。

d.对于油纸介质的电容器交接试验时,tanδ 应不大于 0.5%,运行中应不大于 0.8%。其中当超过 0.5% 时应引起注意。

(2)测量耦合电容器、断路器电容器的电容值

电容值是电容器的一个主要技术指标,通过测定,从电容值的大小或增减可以发现电容器内部有无元件击穿、短路、引线松脱、断线或介质受潮,绝缘油漏泄、干枯和变质等缺陷。

使用仪器为电容值表,型号/规格:DM6013/2μF-2pF,测试接线如图 8.3 所示。

①测试方法。

· 检查保护接地线是否连接可靠,并是否与外壳可靠连接。

· 在电容值表上根据被试设备容量正确选择测量挡位。

· 将测试表笔插入仪表测试孔。

· 打开测试电源开关,调整数字显示窗内的数字显示为零。

· 将两测试表笔分别接被试电容器的两端,等待测试结果稳定后读取并记录数据。

· 测量完毕,关闭测试电源。

· 使用接地良好的放电棒对被试电容放电。

· 上述试验方法是针对单台单相电容器而言的,对三相一体式电容器的电容值进行测试时,其测试方法与此类同;只是其测试结果将是两相之间的电容值(C_{AB}、C_{BC}、C_{AC})而已,在此不再赘述。

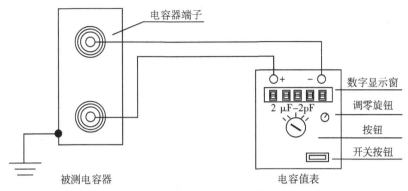

图 8.3　测量耦合电容器、断路器电容器的电容值接线示意图

②注意事项

a.电容器是储存电荷的设备,无论在测试前和测试后,必须对其进行充分放电;放电时禁止直接短路放电,以免放电电流过大,将电容器烧坏。

b.放电前要仔细检查放电棒是否经过检验合格、是否在检定期内、是否和地线接触可靠。

c.对于电容器组中各单台电容器值测量后,应对各相回路上所串、并联的电容总值进行比较。电容器组中各相电容的最大值和最小值之比不应超过 1.08。

d.变配电所中每相回路上所接电容器通常由多台同型号电容器组成,当电容器组中各相电容的最大值和最小值之比超过 1.08 时,可根据实测数据调整各相电容器的安装位置,以保证其最大值和最小值之比不超过 1.08。

e.耦合电容器电容值的偏差应在额定电容值的 −5% ～ +10% 范围内,电容器叠柱中任何两单元的实测电容之比值与这两单元的额定电压之比值的倒数之差不应大于 5%;断路器电容器电容值的偏差应在额定电容值的 ±5% 范围内。对电容器组,还应测量各相、各臂及总的电容值。

3. 并联电容器交流耐压试验

电容器在变配电所中,是对电压较为敏感的电气设备之一;正常运行时通常规定,对其所施加的过电压不得超过额定电压的 110%,否则可能损坏电容器。

交流耐压试验是对其按要求施加高于额定电压一定倍数的工频试验电压值、持续 60s 的破坏性试验,它对考核电容器的绝缘强度,检查局部缺陷,具有决定性的作用,有利于发现介质受潮、开裂以及运输中引起的内部介质松动、位移而造成的绝缘距离不够,油面下降、瓷套内不清洁、内部受潮、主绝缘劣化等缺陷。

(1)试验方法

①先用干燥清洁的软布擦去套管表面的污垢并检查套管有无裂纹及掉瓷情况。

②把仪表、仪器、操作台、升压变压器放置平稳可靠的地方进行试验。

③按照接线示意图:将被试电容器两端短接,并与试验变压器的高压输出导线相连;将电容器和测试设备的外壳可靠接地。

④根据试验电流大小,调整操作箱上电流继电器整定值。

⑤检查遮拦设置是否完好,无关人员是否退出警戒线以外。

⑥接入符合测试设备的工作电源,电源指示绿灯亮。

⑦检查调整电压的旋钮是否在零位;按下启动按钮,红灯亮绿灯灭。

⑧开始升压,升压时在1/3试验电压以下可以稍快一些,其后升压要均匀,约以每秒3%试验电压/s升压,或以升至额定试验电压的时间为10~15s进行。

⑨根据规程要求,一般情况下加压至试验电压并持续60s,记录测试结果,迅速均匀地将电压降至0V。

⑩关闭试验电源,用放电棒对被试电容器充分放电。

⑪上述试验方法是针对单台单相电容器进行说明的,对于三相一体式电容器,其测试与此类同,在此不再赘述。

测试接线如图8.4所示。

(2)注意事项

①升压必须从零开始,切不可冲击合闸。

②升压时应注意升压速度:在达到1/3的试验电压之前,可以是任意的;自1/3试验电压以后应均匀升压,约以每秒3%的试验电压升压。

③试验中,如发生放电或击穿时,应迅速降低试验电压至零,切断电源,以避免故障的扩大。

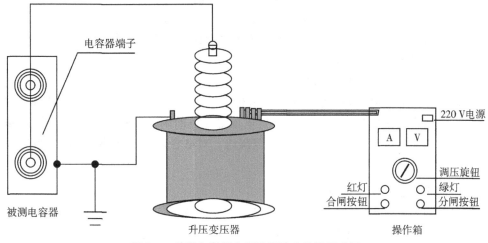

图8.4 并联电容器交流耐压试验接线示意图

④由于交流耐压试验是破坏性试验,对其所施加的试验电压值大小切不可超过规定值。由于不同标准对电容器的耐压试验电压值规定不尽相同,试验时应参见原制造厂家相关资料以及历次测试数据。

⑤对交流耐压试验,主要是根据试验仪表的指示、被试电容器内有无放电声和冒烟冒气等异常情况进行判断。

⑥试验中如发现电压表指针摆动大、电流表指示急剧增加,并有异常响声或冒烟、电容器鼓肚等现象时,应立即停止试验,查明原因;如果是由被试品的绝缘部位所引起异常响声或冒烟则表明被试品存在问题或已被击穿。

⑦一般情况下,试验中若出现电流突然上升或操作箱因过电流继电器动作而跳闸、测量试验电压的表计读数突然明显下降,则认为被试品可能已被击穿。

⑧在试验过程中,表计指针均匀上升、稳定不左右摆动、被试变压器无异常放电声,则认为试验通过。

⑨并联电容器的交流耐压试验,应符合下列规定:

a.并联电容器电极对外壳交流耐压试验电压值应符合表 8.1 的规定;

b.当产品出厂试验电压值不符合表 8.1 的规定时,交接试验电压应按产品出厂试验电压值的 75% 进行。

4.冲击合闸试验

冲击合闸试验是在电容器安装完毕,其他试验项目进行合格后的一项重要试验。它是在电网额定电压下,对电力电容器(组)的冲击合闸,试验应进行三次,且熔断器内的熔丝不应熔断。

(1)试验方法

①检查电容器一次回路断路器保护回路的电压、电流整定值是否符合设计标准,并投入电压、电流保护。

②检查电容器上有无工具、材料、短接线等异物。

③所有人员退出危险范围,关闭电容器柜检修门或电容器补偿装置的栅栏。

④将高压断路器合闸,观察电流和电压有无变化。

⑤观察电容器放电线圈上的电压是否与母线上的电压相一致。

⑥将合闸后的技术数据做详细记录,五分钟后退出。

⑦观察电容器放电线圈有无电压。

⑧若无异常现象则分断断路器五分钟后进行第二次冲击,依此类推,共进行 3 次,通常每次间隔时间均为 5 分钟左右。

(2)注意事项

①在进行冲击合闸试验前应确认高压断路器控制、监视、保护回路等相关功能正常。

②在冲击合闸试验过程中,每次冲击完毕应等待电容器内残存的电荷充分释放,不可立即进行合闸,否则可能会造成电容器鼓肚或爆炸。

③在冲击合闸过程中若发现某相电流突然减小,说明该相(组)熔断管内的熔丝有熔断的可能。此时应立即停止冲击试验,进行详细检查并查明原因。

④3 次冲击合闸试验完成后,应对电容器进行充分放电,并仔细检查电容器有无鼓肚、渗漏等异常现象。

⑤在检测试验电容器时应及时填写原始记录,待数据整理后认真填写试验报告。

技能训练模块

在实验室进行电力电容器绝缘测试项目有:

(1)测试电力电容器的绝缘电阻、吸收比

(2)测量电容器的介质损耗角正切值和电容值 C

(3)电力电容器的工频耐压测试

表 8.2　电力电容器测试数据记录表

测试项目　序号	绝缘电阻测试		介质损耗角正切值及电容值 C 测试		工频耐压测试	
	R_{15}	R_{60}	$\tan\delta$	C	工频电压/kV	工频电流/μA
1						
2						
3						
4						
5						
6						
计算结果	$\overline{K}=$		$\tan\delta=$	$C=$	$\overline{U_e}=$	$\overline{I}=$

作业与思考

1. 在电力系统中,为什么变电所要安装并联电容器组?电容器组一般安装在变电所的什么地方?

2. 电容器组的绝缘测试项目有哪些?做绝缘测试前为什么要给电容器组充分放电?放电时的安全措施有哪些?

3. 做电容器组的绝缘测试时,须检查哪个部位接地是否可靠?

4. 做电容器介损测试时,为什么要将电容器的两极短接起来?

5. 电力电容器的介质损耗角正切值测试中,使用什么仪器?接线方式选择正接法还是反接法?

项目九　电力电缆测试

【项目描述】

电力电缆在电力系统或牵引变电所中的应用很广泛,它长期承受电网电压及冲击电压。对电力电缆的测试主要是为了发现电缆接头及电缆终端头的缺陷,及时发现电缆绝缘缺陷,可预防电缆由于过热、绝缘劣化等原因造成的绝缘击穿。本项目通过对电力电缆的各项测试,了解电缆绝缘状况。

【学习目标】

1. 认识各种电压等级的电力电缆;

2. 掌握电力电缆的结构及组成材料;

3. 掌握电缆测试的方法及操作中的安全措施;

4. 根据测试结果进行数据整理、记录、计算、分析能力。

【知识储备】

9.1　电力电缆介绍

1. 电力电缆的作用

电力电缆(power cable)是用于传输和分配电能的电缆。常用于城市地下电网,发电站的引出线路,工矿企业的内部供电及过江、过海的水下输电线。在电力线路中,电缆所占的比重正逐渐增加。电力电缆是在电力系统的主干线路中用以传输和分配大功率电能的电缆产品,其中包括1~500kV及以上各种电压等级、各种绝缘的电力电缆。

2. 电力电缆的基本结构

电力电缆的基本结构由线芯(导体)、绝缘层、屏蔽层和保护层四部分组成。

(1)线芯是电力电缆的导电部分,用来输送电能,是电力电缆的主要部分。

(2)绝缘层是将线芯与大地以及不同相的线芯间在电气上彼此隔离,保证电能输送,是电力电缆结构中不可缺少的组成部分。

(3)15kV及以上的电力电缆一般都有导体屏蔽层和绝缘屏蔽层。

(4)保护层的作用是保护电力电缆免受外界杂质和水分的侵入,以及防止外力直接损坏电力电缆。

3. 电力电缆的分类

(1)按电压等级分类:可分为中、低压电力电缆(35kV及以下)、高压电缆(110kV以上)、超高压电缆(275~800kV)以及特高压电缆(1000kV及以上)。此外,还可按电流制分为交流电缆和直流电缆。

(2)按绝缘材料分类

①油浸纸绝缘电力电缆,以油浸纸作绝缘的电力电缆。其应用历史最长。它安全可靠,使用寿命长,价格低廉。主要缺点是敷设受落差限制。自从开发出不滴流浸纸绝缘后,解决了落

差限制问题,使油浸纸绝缘电缆得以继续广泛应用。

②塑料绝缘电力电缆,即绝缘层为挤压塑料的电力电缆。常用的塑料有聚氯乙烯、聚乙烯、交联聚乙烯。塑料电缆结构简单,制造加工方便,重量轻,敷设安装方便,不受敷设落差限制。因此广泛应用作中低压电缆,并有取代粘性浸渍油纸电缆的趋势。其最大缺点是存在树枝化击穿现象,这限制了它在更高电压等级的系统中的使用。

③橡皮绝缘电力电缆,绝缘层为橡胶加上各种配合剂,经过充分混炼后挤包在导电线芯上,经过加温硫化而成。它柔软,富有弹性,适合于移动频繁、敷设弯曲半径小的场合。

常用作绝缘的胶料有天然胶—丁苯胶混合物、乙丙胶、丁基胶等。

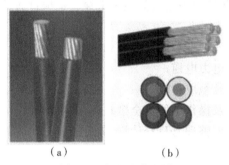

（a）　　　　　　　　（b）

图 9.1　架空电力电缆

电力电缆作为引入或馈出线路无论在电力还是牵引变电所中应用得都不少,它在运行中不仅必须长期承担电网的电压,而且同样地要承受短时间的大气和操作过电压。电缆故障的主要原因是接头和终端头缺陷,其次是电缆本身机械损伤、过热、绝缘劣化和局部放电。总之,电缆的故障相对来说是比较多的,因此对电缆进行绝缘试验是保证其安全运行的一项重要措施。

9.2　电力电缆绝缘测试

1. 电力电缆在现场施工全过程应进行的试验

(1)电力电缆在运达工地后,应对其进行一次材料进场试验(通常称之为单盘试验),以检查电力电缆在制造过程中是否存在缺陷以及在装卸、运输过程中是否受到损伤,绝缘是否受到破坏。

(2)电力电缆敷设后、回填土方前,应再进行一次试验;因为电缆在敷设过程中,经受了机械张力和其他外力作用,特别是长大电缆更凸显出该项试验的重要性。

(3)对于长大电缆中间头,必须在各中间电缆头制作前,对待连接的两段电缆分别进行试验,连接完成后应再进行试验。

2. 试验前的准备工作

(1)试验前应准备好通信工具(如对讲机、信号旗、口笛)和电缆头制作工具。

(2)准备好现场试验用电源设施、有关试验设备、仪器、仪表等应用工具,连接导线和可靠的接地线以及合格的放电棒、绝缘手套、绝缘靴、安全帽等。

(3)做好现场的安全防护工作。

(4)记录环境温度、空气相对湿度。

3. 电力电缆的试验

(1)测量绝缘电阻

电力电缆在交接或预防性试验中以及在耐压试验前后均应测量绝缘电阻。因电缆是大电容被试品,故在测量时对于检查电缆绝缘受潮、脏污或存在局部缺陷是非常有效的。

①试验方法。

· 把被测电缆按照规定开剥的方法剥开,并在其线芯露出后用清洗剂擦拭干净,用裸线将 B、C 相端子短接后连接铜屏蔽层和钢铠,再与兆欧表 L 端连接并可靠接地,同时将放电棒与地线可靠连接;将兆欧表量程选定至适当挡位。

· 接通测试电源,电源指示灯亮。

· 用兆欧表 E 端表笔搭触电缆线芯 A 相引出线部分,开始测量。

· 由于电缆是容性材料,在测试阶段初期有一个充电过程,兆欧表的指示值开始较低,随着时间的增加,指示值会逐渐增加。待兆欧表的测试值稳定后,再读取测试结果并做记录,此时测得结果为 A 相对 B、C 相及地的绝缘电阻(在测试长度较小的电缆时,测试表笔一旦接上,兆欧表的显示值很快会稳定下来,此时不能急于去掉测试表笔,通常情况下要求绝缘电阻测试的时间不得少于 60s)。

· 关闭测试电源,电源指示灯灭;用已准备好的放电棒对被试电缆充分放电。

· 更换电缆被试相别(注意正确改变相应连线);按照上述方法,对 B、C 相进行同样测试。

· 测量低压电缆绝缘电阻与上述方法类同,在此不再赘述。

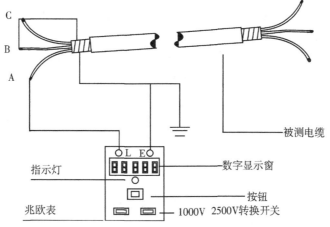

图 9.2　测量电缆的绝缘电阻接线示意图

②注意事项。

· 在进行电缆常规材料单盘测试后应注意密封电缆端头,防止受潮。

· 对电缆的主绝缘作耐压试验或测量绝缘电阻时,应分别在每一相上进行。对一相进行试验或测量时,其他两相导体、金属屏蔽或金属套和铠装层一起接地。

· 测量各电缆线芯对地或对金属屏蔽层间和各线芯间的绝缘电阻,应满足以下要求:

a.耐压试验前后,绝缘电阻测量应无明显变化;

b.橡塑电缆外护套、内衬套的绝缘电阻不低于 0.5MΩ/km;

c.测量绝缘用兆欧表的额定电压,宜采用如下等级:

0.6/1kV 电缆：用 1000V 兆欧表。

0.6/1kV 以上电缆：用 2500V 兆欧表；6/6kV 及以上电缆也可用 5000V 兆欧表。

橡塑电缆外护套、内衬套的测量：用 5000V 兆欧表。

(2)直流耐压试验及泄漏电流测量

因电缆电容较大，施工现场及运行管理中较难进行交流耐压试验，主要采用直流耐压(10kV)试验检查电缆的耐电强度。

直流耐压试验对检查绝缘干枯、气泡、纸绝缘机械损伤和工厂中的包缠缺陷等比较有效，泄漏电流则对绝缘劣化、受潮检查比较有效；由于两者的试验方法、接线一样，故两项试验通常同时进行。使用仪器采用直流高压发生器，型号/规格：ZV200－2/0－200kV/0－2mA。

①测试方法。

• 把被测电缆按照规定开剥的方法剥开(开剥长度必须保证高压试验时的安全间距)，并在其线芯露出后用清洗剂擦拭干净。

• 进行正确试验连线：用裸线将 B、C 相端子短接后连接铜屏蔽层和钢铠，再与倍压筒、控制台接地端连在一起并可靠接地；同时，将放电棒与地线可靠连接；将直流高压发生器的高压输出导线接至被测电缆的 A 相线芯。

• 把仪表、仪器、操作台、倍压装置放至平稳可靠的地方进行试验。

• 连接倍压装置与控制操作箱之间的电缆，接上仪器工作电源。

• 根据被试电缆的电压等级，调整试验仪器的过电压整定值至需要的数值。

• 检查调零旋钮在 0 位，按下电源开关、绿灯亮。

• 按下高压按钮，红灯亮，逐渐升高电压值至规定试验电压的 25%，观察电流和电压变化情况，停留 1min，记录测试值。

• 继续升压至试验电压的 50%，观察电流和电压变化情况，停留 1min，记录测试值。

• 继续升压至试验电压的 75%，观察电流和电压变化情况，停留 1min，记录测试值。

• 继续升压至试验电压的 100%，观察电流和电压变化情况，停留 15min，记录测试值。

• 逐渐降低试验电压至 0，关闭高压，红灯灭；关闭测试电源，绿灯灭；用已准备好的放电棒对被试电缆充分放电。

• 更换电缆被试相别(注意正确改变相应连线)；按照上述方法，对 B、C 相进行同样测试。

②注意事项。

• 测试人员接触被试电缆前，应将其充分对地放电；断开被试电缆和外界的一切连线并保证安全距离(被试电缆两端、相间及各相对地)。

• 对电缆的主绝缘作耐压试验或测量绝缘电阻时，应分别在每一相上进行。对一相进行试验或测量时，其他两相导体、金属屏蔽或金属套和铠装层一起接地。

• 试验接线完成后，监护人应进行详细检查，确认无误(包括引线对地距离、安全距离等)后方可准备加压。

• 为了测得准确的泄漏电流值，微安表应接在靠近被试品的高压端。

• 接通测试电源，电源指示灯亮。在高呼"加高压"并应在得到响应后，按下高压按钮，高压指示灯亮后，开始均匀升压。

• 升压过程中应监视电压表及电流表的变化，若发现测试值波动范围较大时，应加强观察，分析原因并记录数值波动范围。

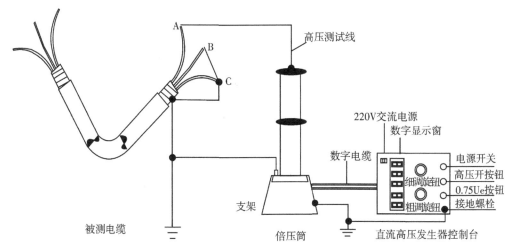

图 9.3　电缆直流耐压试验及泄漏电流测量接线示意图

· 当出现被试品、试验设备发出异常响声、冒烟、冒火等情况时,应立即降压,断开电源并在高压侧挂上地线后,查明原因。

· 放电时,应使用绝缘合格的接地棒;先用电阻端放电,后用直接放电。在换接高压导线时,应将放电棒的挂钩始终挂在倍压筒(或试验变压器)的高压输出导线上。

· 连接倍压筒(或试验变压器)与被试电缆间的导线应尽量缩短,导线对地距离要有足够的高度,以减少杂散电流的干扰。

· 试验时应记录环境温度、空气相对湿度。

· 对金属屏蔽或金属套一端接地,另一端装有护层过电压保护器的单芯电缆主绝缘作耐压试验时,必须将护层过电压保护器短接,使这一端的电缆金属屏蔽或金属套临时接地。

③试验结果的分析判断。

直流耐压试验及泄漏电流测量,应符合下列规定:

a.直流耐压试验电压标准:

纸绝缘电缆直流耐压试验电压 U_t 可采用下式计算:

对于统包绝缘(带绝缘)有

$$U_t = 5 \times (U_o + U)/2$$

对于分相屏蔽绝缘有

$$U_t = 5 \times U_o$$

试验电压见下表 9.1 纸绝缘电缆直流耐压试验电压的规定。

表 9.1　纸绝缘电力电缆直流耐压试验电压标准　　(单位:kV)

电缆额定电压 U_o/U	直流试验电压	电缆额定电压 U_o/U	直流试验电压
1.0/3	12kV	6/10	40kV
3.6/6	17kV	8.7/10	47kV
3.6/6	24kV	21/35	105kV
6/6	30kV	26/35	130kV

18kV 及以下电压等级的橡塑绝缘电缆直流耐压试验电压,应按下式计算:

$$U_t = 4 \times U_o$$

充油绝缘电缆直流耐压试验电压,应符合表 9.2 充油绝缘电缆直流耐压试验电压的规定。

表 9.2　自容式充油电缆绝缘的直流耐压试验电压标准　　（单位:kV）

电缆额定电压 U_o/U	GB311.1 规定的雷电冲击耐受电压	直流试验电压
48/66	325	163
	350	175
64/110	450	225
	550	275
127/220	850	425
	950	475
	1050	510
190/330	1050	525
	1175	590
	1300	650
290/500	1425	715
	1550	775
	1675	840

b. 试验时,试验电压可分 4～6 阶段均匀升压,每阶段停留 1min,并读取泄漏电流值。试验电压升至规定值后维持 15min,其间读取 1min 和 15min 时的泄漏电流值。测量时应消除杂散电流的影响。

c. 纸绝缘电缆泄漏电流的三相不平衡系数(最大值与最小值之比)不应大于 2;当 6～10kV 及以上电缆的泄漏电流小于 20μA 和 6kV 及以下电压等级电缆泄漏电流小于 10μA 时,其不平衡系数不作规定。泄漏电流值和不平衡系数只作为判断绝缘状况的参考,不作为是否能投入运行的判据。其他电缆泄漏电流值不作规定。

d. 电缆的泄漏电流具有下列情况之一者,电缆绝缘可能有缺陷,应找出缺陷部位,并予以处理:

泄漏电流很不稳定;

泄漏电流随试验电压升高急剧上升;

泄漏电流随试验时间延长有上升现象。

(3)交流耐压试验

交流耐压试验是对橡塑(聚氯乙烯、交联聚乙烯、乙丙橡皮)绝缘电力电缆进行的,频率为 30～299.9Hz 的破坏性试验。由于采用直流耐压试验时存在"直流电压下的电场分布与交流电压下电场分布不同"的问题,不能全面反映电缆在实际运行时的状态,因此还应对高压电力电缆进行交流耐压试验。

①测试方法。

· 把被测电缆按照电缆开剥的方法剥开(开剥长度必须保证高压试验时的安全间距),并在其线芯露出后用清洗剂擦拭干净。

· 把操作台、励磁变压器、电抗器放置于平稳可靠的地方进行试验。

· 进行正确试验连线:用裸线将 B、C 相端子短接后连接铜屏蔽层和钢铠,再与控制台接地端连在一起并可靠接地;同时,将放电棒与地线可靠连接;将电抗器高压输出端接至被试电缆的 A 相线芯;连接电抗器与励磁变压器之间、变频电源与分压器、变频电源与计算机之间的连接线。

· 接入与试验设备匹配的工作电源。

· 根据被试电缆的电压等级,在试验仪器上输入相应的参数。

· 按下测试按钮,进行测试。

· 测试过程将由试验设备自动完成,并显示出试验结果。

测试接线如图 9.4 所示。

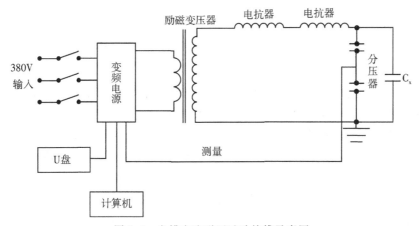

图 9.4　电缆交流耐压试验接线示意图

②注意事项。

交流耐压试验,应符合下列规定:

a.橡塑电缆优先采用 20～300Hz 交流耐压试验。20～300Hz 交流耐压试验电压及时间见橡塑电缆 20～300Hz 交流耐压试验和时间的规定。

b.不具备上述试验条件或有特殊规定时,可采用施加正常系统相对地电压 24h 方法代替交流耐压。

(4)测量金属屏蔽层电阻和导体电阻比

直埋橡塑电缆的外护套,特别是聚氯乙烯外护套,受地下水的长期浸泡吸水后,或者受到外力破坏而又未完全破损时,其绝缘电阻均有可能下降至规定值以下,因此不能仅根据绝缘电阻值降低来判断外护套破损进水。为此,提出了根据不同金属在电解质中形成原电池的原理进行判断的方法。

橡塑电缆的金属层、铠装层及其涂层用的材料有铜、铅、铁、锌和铝等。这些金属的电极电位如附录3金属电极电位表所示:

当橡塑电缆的外护套破损并进水后,由于地下水是电解质,在铠装层的镀锌钢带上会产生对地－0.76V 的电位,如内衬层也破损进水后,在镀锌钢带与铜屏蔽层之间形成原电池,会产

生 $0.334-(-0.76)\approx1.1V$ 的电位差,当进水很多时,测到的电位差会变小。在原电池中铜为"正"极,镀锌钢带为"负"极。

当外护套或内衬层破损进水后,用兆欧表测量时,每千米绝缘电阻值低于 $0.5M\Omega$ 时,用万用表的"正"、"负"表笔轮换测量铠装层对地或铠装层对铜屏蔽层的绝缘电阻,此时在测量回路内由于形成的原电池与万用表内干电池相串联,当极性组合使电压相加时,测得的电阻值较小;反之,测得的电阻值较大。因此上述两次测得的绝缘电阻值相差较大时,表明已形成原电池,即可判断外护套和内衬层已破损进水。

外护套破损不一定要立即修理,但内衬层破损进水后,水分直接与电缆芯接触并可能会腐蚀铜屏蔽层,一般应尽快检修。一般现场采用直流电阻快速测试仪,测量金属屏蔽层的直流电阻,测量电缆每相导体的直流电阻值,得出屏蔽层的直流电阻与每相导体的直流电阻值的比值。

①测试方法。

· 该项测试应在电缆头制作前进行,当一条长大电缆由多段连接而成时,在每段电缆连接前就应测取相应数据。

· 测量前应先确定电缆的相别 A、B、C,通常三相电缆每相线芯表面附带有相色标识线,但在电缆头制作前应进行核对。

· 以 A 相电缆线芯作为测量用公用线芯,在电缆一端将 A 相线芯与 B 相线芯短接,在电缆另一端即可测试出 A 相和 B 相线芯电阻之和 R_a+R_b。

· 用同样方法分别测试出:R_a+R_b,R_b+R_c,R_a+R_c,$R_{钢铠}+R_a$,$R_{屏蔽层}+R_a$。

· 根据测试所得数据即可计算出:R_a、R_b、R_c、$R_{钢铠}$、$R_{屏蔽层}$ 以及各电阻值之间的比值。

②注意事项。

· 测量时,应在相同温度下测量铜屏蔽层和导体的直流电阻。

· 当该比值与投运前相比减少时,表明附件中的导体连接点的接触电阻有增大的可能。当前者与后者之比与投运前相比增加时,表明铜屏蔽层的直流电阻增大,铜屏蔽层有可能被腐蚀。

· 在一条电缆由多段电缆连接而成时,在中间头及终端头制作过程中应记录:每段电缆的相别及每相的直流电阻、每个中间头连接时其被连接两段电缆的连接关系、终端头与电源线路连接时的相别对应关系。

(5)检查电缆线路两端的相位

电缆中间头和终端头制作完成后,尤其是在一条长大电缆由多段电缆连接而成时;虽然每段电缆的每相线芯表面均有相色标示线,但在电缆中间头制作过程中以及终端头与设备或线路连接时,因安装条件受限等原因,很难保证连接后电缆相别与相色标志线始终一致。为此,在每条电缆制作完成后,必须检查电缆两端的相位,并进行相位标识。

①测试方法如下:

· 将被查电缆充分放电,拆除电缆两端所有外部连线。

· 将电缆两端假定为首端和末端。

· 将电缆首端任意一根线芯与钢铠(铜屏蔽、接地线)短接。

· 在电缆末端用万用表的一端接钢铠(铜屏蔽、接地线),同时用万用表的另一个表笔分别触碰三根线芯,将导通的一根线芯命名为 A 相。

· 用上述方法检查另外两线芯与钢铠(铜屏蔽、接地线)的通路,并将两线芯分别命名为

B 相、C 相。

- 用类似方法核查电缆首端和末端的 A 相、B 相、C 相之间的通路是否正确。
- 核定出电缆 A 相、B 相、C 相后,在电缆首端和末端分别作出相色标志。

在检测试验电力电缆应及时填写原始记录,待数据整理后认真填写试验报告。

技能训练模块

电力电缆的绝缘测试项目有:

(1)电缆的绝缘电阻、吸收比测试

(2)电缆的直流耐压及直流泄漏电流测试

(3)电缆的工频耐压测试

注:按照教材所讲述电力电缆的绝缘测试项目,逐项进行测试。测试前注意按照安全措施要求先要对电力电缆充分放电,然后分组进行测试,并记录数据如表9.3所示,编制出测试报告。

表 9.3　电力电缆测试数据记录表

测试项目 序号	绝缘电阻测试		介质损耗角正切值及电容值 C 测试		工频耐压测试	
	R_{15}	R_{60}	$\tan\delta$	C	工频电压/kV	工频电流/μA
1						
2						
3						
4						
5						
6						
计算结果	$\bar{K}=$		$\tan\delta=$	$C=$	$\overline{U_e}=$	$\bar{I}=$

作业与思考

1.电力电缆的结构由几部分组成? 电缆的外绝缘有几部分?

2.电缆外绝缘的材料主要是什么材料? 不同电压等级的电缆有什么区别?

3.电力电缆的绝缘测试项目有几项?

4.电力电缆绝缘测试前必须要做的安全措施是什么?

5.在做电缆绝缘层的交流耐压测试时,哪个部位需要接地?

项目十 电力绝缘工器具耐压试验

【项目描述】

电力系统及牵引供电系统使用的电力安全绝缘工器具,如绝缘靴、绝缘手套、绝缘操作杆、高压验电器、接地线等,定期要进行耐压测试,以确保各种工器具的绝缘性能达到安全要求,保证操作人员安全。这是一项非常重要的测试项目。因此,要求学生必须熟练掌握各种绝缘工器具的耐压试验方法及操作步骤。

【学习目标】

1. 熟悉牵引变电所使用的各种电力安全绝缘工器具
2. 严格按照高压电气试验安全规范要求操作,做好安全措施
3. 掌握绝缘靴、绝缘手套、绝缘操作杆等工具的耐压测试
4. 熟练操作工频耐压试验仪器进行耐压测试

【知识储备】

10.1 电力安全工器具的种类及使用检查

1. 高压试验使用的安全工器具

大部分高电压试验都是对电气设备在停电状态下进行绝缘试验和特性试验,但是在试验过程中要通过试验仪器对电气设备施加很高的试验电压,如果操作不当会给试验操作人员带来很大的伤害。所以,在试验中需要使用绝缘工器具。常用的电力安全工器具分类见表 10.1 所列。

表 10.1 安全工器具分类

类 型	名 称
基本安全绝缘工器具	验电器、绝缘杆、绝缘隔板、绝缘罩、携带型短路接地线、个人保安接地线、核相器等
辅助绝缘安全工器具	绝缘手套、绝缘靴(鞋)、绝缘垫(台)
防护性安全工器具	安全帽、安全带、梯子、安全绳、脚扣、防静电服、防电弧服、导电鞋(防静电鞋)、安全自锁器、速差自控器、防护眼镜、过滤式防毒面具、正压式消防空气呼吸器、六氟化硫气体检漏仪、氧量测试仪、耐酸手套、耐酸服及耐酸靴等
警示标志	安全围栏、安全标示牌、安全色

(1)高压验电器

高压验电器是用于额定频率为 50Hz,电压等级为 10kV、35kV、110kV、220kV 的交流电压作直接接触式验电的专用工器具,它是发电、输电、配电、变电系统、工矿企业的电器操作检修人员用于验证运行中线路和设备有无电压的理想安全工器具。目前常用的有声光型、语言

型、防雨型等。

(1)高压验电器使用前检查

①使用前应进行外观检查,验电器的工作电压应与被测设备的电压相同,验电前应选用电压等级合适的高压验电器。用毛巾轻擦验电器去除污垢和灰尘,检查表面无划伤、无破损和裂纹,绝缘漆无脱落,保护环完好。

②验电操作前应先进行自检试验。用手指按下试验按钮,检查高压验电器灯光、音响报警信号是否正常,声音是否正常。若自检试验无声光指示灯和音响报警时,不得进行验电。若自检试验不能发声和光信号报警时,应检查电池是否完好,是否有电,更换电池时注意正负极不能装反。

③检查高压验电器电气试验合格证是否在有效试验合格期内。

④非雨雪型验电器不得在雷、雨、雪等恶劣天气时使用。遇到雷电或雨天时,应禁止验电。

⑤使用抽拉式验电器时,绝缘杆应完全拉开,验电时必须两人一起进行,一人验电,一人监护。操作人员应戴绝缘手套,穿绝缘靴,手握在护环下侧握柄部分。人体与带电体必须保持足够的安全距离,如表 10.2 所示。

表 10.2　设备不停电时人体与带电部分应保持的安全距离

电压等级/kV	安全距离/m	电压等级/kV	安全距离/m
10 及以下	0.70	750	7.20
20、35	1.00	1000	8.70
63(66)、110	1.50	±50 及以下	1.50
220	3.00	±500	6.00
330	4.00	±660	8.40
500	5.00	±800	9.30

⑥验电前,应先在有电设备上进行试验,确认验电器良好,也可用高压验电发生器检验验电器音响报警信号是否完好。验电时要特别注意高压验电器器身与带电线路或带电设备间的安全距离。

(2)绝缘操作杆

绝缘操作杆是用于短时间对带电设备进行操作或测量的绝缘工具,如接通或断开高压隔离开关、柱上断路器、跌落式熔断器等。绝缘操作杆由合成材料构成,结构一般分为工作部分、绝缘部分和手握部分。

绝缘操作杆又称拉闸杆或另克棒,其材料选用绝缘性能及机械强度好、质量轻,并经防潮处理的优质环氧树脂管。

(3)绝缘隔板、绝缘罩

绝缘隔板是由绝缘材料制成,用于隔离带电部件、限制工作人员活动范围的绝缘平板。绝缘罩也是由绝缘材料制成,用于遮蔽带电导体或非带电导体的保护罩。绝缘罩采用 PE、PVC 等高分子树脂材料,是代替环氧隔板的理想的安全隔离工具。绝缘罩采用 PE 高分子树脂材料一次热高压成型,绝缘性能优良,且有较高的机械冲击强度。

绝缘罩还可用于电力设备的配电变压器、柱上断路器、真空断路器、六氟化硫断路器等设备及各类穿墙套管、母线、户外母线桥、户内母线桥和各种支柱绝缘子绝缘保护,以及各种接头、线夹、互感器、主变低压侧套管绝缘端子保护。

为防止隔离开关闭锁失灵或隔离开关拉杆锁销自动脱落误合刀闸造成事故,常以绝缘隔板或绝缘罩将高压隔离开关静触头与动触头隔离。绝缘隔板只允许在35kV及以下电压等级的电气设备上使用,并应有足够的绝缘和机械强度。用于10kV电压等级时,绝缘隔板的厚度不应小于3mm,用于35kV电压等级时不应小于4mm。

(4)携带型接地线

①接地线的作用

携带型接地线主要是用于防止电气设备、电力线路突然来电,消除感应电压,放尽剩余电荷的临时接地装置。

装设接地线是防止工作点突然来电的唯一可靠安全措施,也可以消除停电设备残余电荷或感应电压的有效措施。挂接地线是保护检修人员的最重要的安全措施。

②使用要求

成套接地线应用有透明护套的多股软铜线组成,其截面不得小于$25mm^2$,应满足装设地点短路电流的要求,严禁使用其他金属线代替接地线或短路线。接地线透明外护层厚度大于1mm。

接地线使用前应进行外观检查,如发现铜线断股、松股,护套层破损,线夹断裂等严禁使用。

接地线应使用专用的线夹固定在导体上,严禁缠绕接地或短路。

③使用前的检查

a.使用前必须检查软铜线有无断股断头,外护套是否完好,各部分连接处螺栓紧固无松动,线勾的弹力是否正常。不符合规程要求应立即更换或修好再使用。

b.检查接地线绝缘杆外表应无脏污、无划伤,绝缘漆无脱落。

c.检查接地线试验合格证是否在有效试验合格期内。

④装、拆接地线时应注意

a.装挂接地线前必须进行验电。

b.装设接地线时应戴绝缘手套,穿绝缘靴或站在绝缘垫上,人体不得碰触接地线或未接地的导线,以防止触电伤害。

c.装设接地线,应先接接地端,后接导线端。接地点应保证接触良好,无锈蚀,连接点连接可靠,严禁缠绕连接。

d.拆掉接地线时的顺序与装设相反,即先拆导线端,后拆接地端。

e.设备检修时模拟盘上所挂的接地线的数量、位置和地线编号,应与工作票和操作票所列内容一致,与现场所装设的接地线一致。

2. 辅助安全工器具

(1)绝缘手套

绝缘手套是用特种橡胶制成的。绝缘手套分为低压绝缘手套和高压绝缘手套。绝缘手套主要用于电气设备带电作业和倒闸操作。绝缘手套是进行电气试验、带电作业或倒闸操作时必须要戴的安全防护工具。

①技术要求

根据国电发[2002]777号文件精神要求,绝缘手套应具有以下技术规范:

a.绝缘手套必须有良好的电气绝缘性能,能满足《电力安全工器具预防性试验规程》规定的耐压水平。

b.绝缘手套受平均拉伸强度应不低于14MPa,平均扯断伸长率应不低于600%,拉伸永久变形不应超过15%,抗机械刺穿力应不小于18N/mm,并具有耐老化、耐燃、耐低温性能,绝缘试验合格。

②绝缘手套检查

a.绝缘手套使用前应进行外观检查,用干毛巾擦净绝缘手套表面污垢和灰尘,检查绝缘手套外表无划伤,用手将绝缘手套手指拽紧,检查绝缘橡胶有无老化粘连,如发现有发粘、裂纹、破口、气泡、发脆等损坏时禁止使用。

b.佩带前,对绝缘手套进行气密性检查,具体方法是将手套从口部向上卷,稍用力将空气压至手掌及指头部分检查有无漏气,如有漏气则不能使用。

(2)绝缘靴(鞋)

绝缘靴是用特种橡胶制成的,用于人体与地面的绝缘。绝缘靴具有较好的绝缘性和一定的物理强度,安全可靠,主要用于高压电力设备的倒闸操作、设备巡视作业时作为辅助的安全用具。特别是在雷雨天气巡视设备或线路接地的作业中,能有效防止跨步电压和接触电压的伤害。

①绝缘靴的检查如下:

a.使用前应检查绝缘靴表面不得有划伤,无裂纹、无漏洞、无气泡、无毛刺等,如发现应立即停止使用并及时更换。

b.检查时注意鞋大底磨损情况,若大底花纹已磨掉,则不能使用。

c.检查绝缘靴有无电气试验合格证,是否在有效试验合格期内,超过试验期不得使用。

(3)绝缘垫

绝缘胶垫是由特种橡胶制成的,用于加强工作人员对地的绝缘。绝缘垫主要是用于发电厂、变电站、电气高压柜、低压开关柜之间的地面铺设,以保证作业人员免遭设备外壳带电时的触电伤害。

常见的绝缘垫的厚度有:5mm、6mm、8mm、10mm、12mm。耐压等级分别是:10kV、25kV、30kV、35kV等规格。

使用时地面应平整,无锐利硬物。铺设绝缘垫时,绝缘垫接缝要平整不卷曲,防止操作人员巡视设备或操作时跌倒。

绝缘胶垫应保持完好,出现割裂、破损、厚度减薄,绝缘性能降低时应立即更换。

3.防护性安全工器具

(1)安全帽

安全帽是防止高空坠物、物体打击、碰撞等主要的头部防护用具,也是进入工作现场的一种标示。任何人进入生产现场应正确佩戴安全帽。

①安全帽的作用。

安全帽是一种用来保护工作人员头部,使头部免受外力冲击伤害的帽子。安全帽由帽壳、帽衬、下颊带和后箍组成。帽壳呈半球形,坚固、光滑并有一定弹性,打击物的冲击和穿刺动能主要由帽壳承受。帽壳和帽衬之间留有一定空间,可缓冲、分散瞬时冲击力,从而避免或减轻对头部的直接伤害。

当作业人员头部受到坠落物体的冲击时,利用安全帽帽壳、帽衬在瞬间将冲击力分解到头盖骨的整个面积上,利用安全帽各部位缓冲结构的弹性变形、塑性变形和允许的结构破坏将大部分冲击力吸收,使最后作用到人头部的冲击力降低到 4900N 以下,从而起到保护作业人员头部的作用。

②安全帽的检查。

合格的安全帽必须由具有生产许可证资质的专业厂家生产,安全帽上应有商标、型号、制造厂名称、生产日期和生产许可证编号。

使用安全帽前应进行外观检查,检查安全帽的帽壳、帽箍、顶衬、下颊带、后扣等组件应完好无损,帽壳与顶衬缓冲空间在 25～50mm 范围内。

(2)安全带(绳)

①安全带是预防高处作业人员坠落伤亡的个人防护用品,由腰带、围杆带、金属配件等组成。安全绳是安全带上面保护人体不坠落的系绳,安全带的腰带和保险带、绳应有足够的机械强度,材质应有耐磨性,卡环(钩)应具有保险装置。

安全带使用期限一般为 3～5 年,发现异常应提前报废。

②安全带使用前的检查。

a. 使用安全带前应进行外观检查,检查组件完整、无短缺、无破损。

b. 检查绳索、编带无脆裂、断股或扭结。

c. 检查金属配件无裂纹、焊接无缺陷、无严重锈蚀。

d. 检查挂钩的钩舌咬口平整不错位,保险装置完整可靠。

e. 检查安全带安全钩环齐全,安全带闭锁装置完好可靠,各铆钉牢固无脱落。

f. 检查铆钉无明显偏位,表面平整。

g. 检查安全带有无试验合格证,是否在有效试验合格期内。

③安全带使用时,保险带、绳使用长度在 3m 以上的应加缓冲器。使用前,应分别将安全带、后备保护绳系于电杆上,用力向后对安全带进行冲击试验,检查腰带和保险带、绳应有足够的机械强度。

工作时,安全带应系在牢固可靠的构件上,禁止系挂在移动或不牢固的物件上。不得系在棱角锋利处。安全带要高挂或平行拴挂,严禁低挂高用。

在杆塔上工作时,应将安全带后备保护绳系在安全牢固的构件上,工作中不得失去后备保护。

10.2 安全绝缘工器具的耐压测试

1. 测试仪器

HSXTX－IX 全自动绝缘靴(手套)耐压试验装置。

2. 测试原理及方法

HSXTX－IX 全自动绝缘靴(手套)耐压试验装置是绝缘靴(手套)批量试验的专用设备。装置采用全自动升(降)压,自动读出每个被试品的泄漏电流,整个过程自动完成,可打印试验数据,有效地解决了过去不规则的测试方式,从而简化了测试手续,提高了测试速度,更可靠地鉴别绝缘靴(手套)的泄漏电流、工频耐压等参数,保障了工作人员的安全,是理想的绝缘靴(手套)试验设备。

　　输入交流 0~200V 电源,根据电磁感应原理,使变压器产生 0~30(50)kV 工频高压,输出至 6 个电极。调节输入电压,使绝缘靴(手套)获得规定的试验电压。根据绝缘靴(手套)试验规程,读取、记录(打印)测试参数。采用高细度的步进电机控制调压器升压过程,全自动进行耐压试验。试验开始后,仪器自动合闸以国标要求的升压速度自动升压,到达预定电压开始计时,并保持试验电压,计时到、自动降压,到零后自动断电,提示试验结束,提示试验结束,同时显示各试品泄漏电流,并显示测试结果。

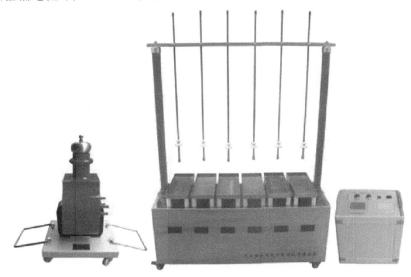

图 10.1　绝缘手套(绝缘靴)的耐压测试接线图

技能训练模块

技能训练项目:

(1)绝缘手套的耐压测试

(2)绝缘靴的耐压测试

(3)绝缘操作杆的耐压测试

测试仪器采用图 10.1 所示仪器及接线。测试结果记录在下表 10.3 中。

表 10.3　绝缘工器具的耐压测试原始数据记录表　(耐压时间 $t=1min$)

测试项目　序号	绝缘手套耐压测试		绝缘靴耐压测试		绝缘操作杆耐压测试	
	工频电压 /kV	泄漏电流 /μA	工频电压 /kV	泄漏电流 /μA	工频电压 /kV	泄漏电流 /μA
1						
2						
3						
4						
5						
6						
计算值						

作业与思考

1.绝缘操作杆使用前的注意事项有哪些?

2.接地线的作用是什么?成套接地线由什么材料组成?其截面不得小于____ mm^2。

3.绝缘靴主要用于哪些场合?绝缘靴使用时的安全要求有哪些?

4.电力系统使用的安全绝缘工器具有哪些?分别举出实例说明。

附录 1　测量检测技术标准、规程、规范目录

序号	规范标准名称	规范标准文号	备　注
1	电力变压器　总则	GB 1094.1—1996	
2	电力变压器　温升	GB 1094.2—1996	
3	电力变压器　绝缘水平和绝缘试验	GB 1094.3—1985	
4	电力变压器　承受短路的能力	GB 1094.5—1985	
5	干式电力变压器	GB 6450—1986	
6	电力变压器　试验导则	JB/T 501—1991	
7	电力变压器绝缘水平和绝缘试验外绝缘的空气间隙	GB 10237—1988	
8	变压器压力释放阀试验导则	JB/T 7069—1993	
9	调压器试验导则接触、接触自动调压器试验导则	JB/T 7070.1—1993	
10	电抗器	GB 10229—1988	
11	热带电力变压器、互感器、调压器、电抗器	JB 831—1991	
12	串联电抗器	JB 5346—1998	
13	电压互感器	GB 1207—1997	新标:2006
14	电流互感器	GB 1028—1997	新标:2006
15	电流互感器试验导则	JB/T 5356—1991	
16	组合互感器	GB 17201—1997	
17	电压互感器试验导则	JB/T 5357—1991	
18	高压开关设备和控制设备标准的共用技术要求	GB 11022—1999	
19	高压开关设备六氟化硫气体密封试验导则	GB 11023—1989	

附录 2　高压电气设备试验数据原始记录表

表 F.1　电力变压器(1)

安装处所						试验时间				温度		℃	湿度		%

<table>
<tr><td rowspan="10">铭牌</td><td colspan="2">生产厂家</td><td colspan="4"></td><td colspan="2">规格型号</td><td colspan="2"></td><td colspan="2">频率</td><td colspan="2">Hz</td></tr>
<tr><td colspan="2">出厂日期</td><td colspan="4"></td><td colspan="2">相　数</td><td colspan="2"></td><td colspan="2">接线组别</td><td colspan="2"></td></tr>
<tr><td colspan="2">出厂编号</td><td colspan="4"></td><td colspan="2">额定容量</td><td colspan="2">kV·A</td><td colspan="2">短路阻抗</td><td colspan="2">%</td></tr>
<tr><td colspan="2">冷却方式</td><td colspan="4"></td><td colspan="2">额定电压</td><td colspan="2">kV</td><td colspan="2">总质量</td><td colspan="2">kg</td></tr>
<tr><td colspan="10">一　次　侧</td><td colspan="4">二　次　侧</td></tr>
<tr><td colspan="2">分接开关</td><td>1</td><td>2</td><td>3</td><td>4</td><td>5</td><td>6</td><td>7</td><td>8</td><td>9</td><td colspan="2">电压/kV</td><td colspan="2">电流/A</td></tr>
<tr><td colspan="2">电压/kV</td><td></td><td></td><td></td><td></td><td></td><td></td><td></td><td></td><td></td><td colspan="2"></td><td colspan="2"></td></tr>
<tr><td colspan="2">电流/A</td><td></td><td></td><td></td><td></td><td></td><td></td><td></td><td></td><td></td><td colspan="2"></td><td colspan="2"></td></tr>
</table>

<table>
<tr><td rowspan="3">绝缘电阻</td><td rowspan="2" colspan="2">绕　组</td><td colspan="2">耐压前绝缘电阻/MΩ</td><td rowspan="2">吸收比</td><td colspan="2">耐压后绝缘电阻/MΩ</td><td rowspan="2">吸收比</td></tr>
<tr><td>15s</td><td>60s</td><td>15s</td><td>60s</td></tr>
<tr><td colspan="2">一次对二次及外壳</td><td></td><td></td><td></td><td></td><td></td><td></td></tr>
<tr><td></td><td colspan="2">二次对一次及外壳</td><td></td><td></td><td></td><td></td><td></td><td></td></tr>
</table>

<table>
<tr><td rowspan="12">绕组直流电阻</td><td rowspan="2">分接开关位置</td><td colspan="3">一次绕组直流电阻/Ω</td><td colspan="3">二次绕组直流电阻/Ω</td></tr>
<tr><td>AB</td><td>BC</td><td>CA</td><td>ao</td><td>bo</td><td>co</td></tr>
<tr><td>1</td><td></td><td></td><td></td><td></td><td></td><td></td></tr>
<tr><td>2</td><td></td><td></td><td></td><td></td><td></td><td></td></tr>
<tr><td>3</td><td></td><td></td><td></td><td></td><td></td><td></td></tr>
<tr><td>4</td><td></td><td></td><td></td><td></td><td></td><td></td></tr>
<tr><td>5</td><td></td><td></td><td></td><td></td><td></td><td></td></tr>
<tr><td>6</td><td></td><td></td><td></td><td></td><td></td><td></td></tr>
<tr><td>7</td><td></td><td></td><td></td><td></td><td></td><td></td></tr>
<tr><td>8</td><td></td><td></td><td></td><td></td><td></td><td></td></tr>
<tr><td>9</td><td></td><td></td><td></td><td></td><td></td><td></td></tr>
</table>

试　验			负　责	

表 F.2　电力变压器(2)

安装处所			试验时间		温度		℃	湿度		%
绕组 接线检查		标　号	高压绕组	A、B、C	接线组别为					
			低压绕组	a、b、c、0						

变比误差%	分接开关位置	1	2	3	4	5	6	7	8	9
	相别＼额定变比									
	AB/ab									
	BC/bc									
	CA/ca									

绝缘油 电气强度试验	击穿次数	1	2	3	4	5	平　均
	击穿电压/kV						

绕组介质 损耗角正切值	绕组名称	高压绕组对低压绕组及外壳		低压绕组对高压绕组及外壳	
	tanδ(%)				

套　管	相　别	A	B	C
	介损 tanδ(%)			
	电容量/pF			
	套管绝缘/MΩ			

直流泄漏	一次绕组	试验电压/kV		泄漏电流/μA	
	二次绕组	试验电压/kV		泄漏电流/μA	

交流耐压	试验对象	一次绕组试验电压 /(kV/min)		二次绕组试验电压 /(kV/min)	

结　论	
备　注	

试　验		负　责	

表 F.3　高压断路器

安装处所				试验时间			温度		℃	湿度		％
安装屏盘												
生产厂家												
出厂日期												
出厂编号												
规格型号												
相　　别		A	B	C	A	B	C	A	B	C	A	B	C
绝缘电阻/GΩ													
介损 tanδ	合闸												
	分闸												
泄漏电流/μA													
交流耐压 (kV/min)													
接触电阻/μΩ													
合闸时间/s													
分闸时间/s													
动　程/mm													
合闸速度/(m/s)													
同期性/ms													
操作机构	型　号												
	厂　号												
	最低分闸电压												
	最高分闸电压												
	线圈电阻/Ω	合：　分：			合：　分：			合：　分：			合：　分：		
结　论													
备　注													
试　验							负　责						

表 F.4 隔离开关

安装处所			试验时间		温度	℃	湿度	%
序　　号		1		2	3		4	
安装屏盘								
生产厂家								
制 造 厂								
规格型号								
出厂年月								
出厂编号								
额定电压/kV								
额定电流/A								
绝缘电阻/MΩ	A							
	B							
	C							
交流耐压/(kV/min)								
操动情况								
35kV 户外开关接触电阻/μΩ	A							
	B							
	C							
同期/mm								
相　　别		A　B　C		A　B　C	A　B　C		A　B　C	
开距角度/(°)								
操动情况								
结　　论								
备　　注								
试　　验				负　责				

表 F.5 电压互感器

安装处所				试验时间			温度	℃	湿度	%
安装屏盘										
生产厂家										
出厂日期										
规格型号										
级 别										
变 比										
额定电压/kV										
相 别		A	B	C		A		B		C
出厂编号										
绕组绝缘电阻/MΩ	一次对地									
	二次对地									
	二次之间									
直阻	AX/Ω									
极性	AX/ax									
比差	AX/ax/%									
角差	f/(′)									
交流耐压/(kV/min)	一次									
	二次									
结 论										
备注										
试 验						负 责				

162

表 F.6　电流互感器

安装处所			试验时间			温度	℃	湿度		%
规格型号			生产厂家							
额定电压/kV			出厂日期				频率			Hz
二次电流标号		级　　别				阻抗或容量				
1S₁　1S₂										
2S₁　2S₂										
安装屏盘										
变　　比										
相　　别		A	B	C		A		B		C
出厂编号										
绕组绝缘电阻/MΩ	一次对地									
	二次对地									
	二次之间									
极　性	AX/ax									
变比误差/%	测　量									
	保　护									
角　差 f/(′)	测　量									
	保　护									
交流耐压/(kV/min)	一次									
	二次									
	电流/A									
结　　论										
备注										
试　　验					负　责					

表 F.7 避 雷 器

安装处所			试验日期		温度	℃	湿度	%
铭牌	规格型号			生产厂家				
	额定电压		kV	出厂日期				
安装屏盘	编号/相别	绝缘电阻/MΩ	1mA 电流时的电压值/kV		75%电压时的电流值/μA			结论
试 验					负 责			

表 F.8　接地装置

安装处所		试验时间		温度	℃	湿度	%
序　号	1	2	3	4			
地线位置							
地线用途							
上部状态							
标准电阻/Ω							
实测电阻/Ω							
结　　论							
备　注							
试　验				负　责			

表 F.9　电力电缆

安装处所				试验时间		温度	℃	湿度	%
序　号									
起止点									
用　途									
规格型号									
额定电压/kV									
截面/mm²									
长度/km									
芯　数									
绝缘电阻/MΩ	A 对 BC 及地								
	B 对 AC 及地								
	C 对 BA 及地								
直流耐压	加压/kV								
	时间/min								
泄漏电流/μA	A 对 BC 及地								
	B 对 AC 及地								
	C 对 BA 及地								
结　论									
备注									
试　验					负　责				

表 F.10 电　容　器

安装处所			试验时间		温度	℃	湿度		%
安装屏盘									
生产厂家									
出厂日期									
规格型号									
额定电压/kV									
额定容量/kvar									
相　　别		A		B			C		
出厂编号									
电容值/μF	铭牌值								
	测量值								
绝缘电阻/MΩ	极间/(kV/min)								
	极地/(kV/min)								
介损	tanδ(%)								
交流耐压/(kV/min)									
冲击合闸									
结　　论									
备注									
试　验					负　责				

表 F.11 绝 缘 油

安装处所			试验时间		温度	℃	湿度	%
序 号								
油类型号								
生产厂家								
使用设备								
室内室外								
运行电压/kV								
绝缘强度/(kV/min)	1							
	2							
	3							
	4							
	5							
	平均							
结 论								
备注								
试 验				负 责				

表 F.12　绝缘子

安装处所				试验时间		温度	℃	湿度	%
序　号		1	2	3	4	5		6	
生产厂家									
出厂日期									
出厂编号									
规格型号									
额定电压/kV									
安装位置									
绝缘电阻/MΩ	A								
	B								
	C								
交流耐压/(kV/min)	A								
	B								
	C								
结　论									
备注									
试　验						负　责			

附录 3 标准电极电位表

电极	电极反应	E^0/V
$N_3^-\mid N_2,Pt$	$\frac{1}{2}N_2+e=N_3^-$	-3.2
$Li^+\mid Li$	$Li^++e=Li$	-3.045
$Rb^++\mid Rb$	$Rb^++e=Rb$	-2.925
$Cs^+\mid Cs$	$Cs^++e=Cs$	-2.923
$K^+\mid K$	$K^++e=K$	-2.925
$Ra^{2+}\mid Ra$	$Ra^{2+}+2e=Ra$	-2.916
$Ba^{2+}\mid Ba$	$Ba^{2+}+2e=Ba$	-2.906
$Ca^{2+}\mid Ca$	$Ca^{2+}+2e=Ca$	-2.866
$Na^+\mid Na$	$Na^++e=Na$	-2.714
$La^{3+}\mid La$	$La^{3+}+3e=La$	-2.522
$Mg^{2+}\mid Mg$	$Mg^{2+}+2e=Mg$	-2.363
$Be^{2+}\mid Be$	$Be^{2+}+2e=Be$	-1.847
$HfO_2,H^+\mid Hf$	$HfO_2+4H^++4e=Hf+2H_2O$	-1.7
$Al^{3+}\mid Al$	$Al^{3+}+3e=Al$	-1.662
$Ti^{2+}\mid Ti$	$Ti^{2+}+2e=Ti$	-1.628
$Zr^{4+}\mid Zr$	$Zr^{4+}+4e=Zr$	-1.529
$V^{2+}\mid V$	$V^{2+}+2e=V$	-1.186

续表

电极	电极反应	E^0/V
$Mn^{2+}\mid Mn$	$Mn^{2+}+2e=Mn$	-1.180
$WO_4^{2-}\mid W$	$WO_4^{2-}+4H_2O+6e=W+8OH^-$	-1.05
$Se^{2-}\mid Se$	$Se+2e=Se^{2-}$	-0.92
$Zn^{2+}\mid Zn$	$Zn^{2+}+2e=Zn$	-0.7628
$Cr^{3+}\;Cr$	$Cr^{3+}+3e=Cr$	-0.744
$SbO_2^-\mid Sb$	$SbO_2^-+2H_2O+3e=Sb+4OH^-$	-0.67
$Ga^{3+}\mid Ga$	$Ga^{3+}+3e=Ga$	-0.529
$S^{2-}\mid S$	$S+2e=S^{2-}$	-0.51
$Fe^{2+}\mid Fe$	$Fe^{2+}+2e=Fe$	-0.4402
$Cr^{3+},Cr^{2+}\mid Pt$	$Cr^{3+}+eCr^{2+}$	-0.408
$Cd^{2+}\mid Cd$	$Cd^{2+}+2e=Cd$	-0.4029
$Ti^{3+},Ti^{2+}\mid Pt$	$Ti^{3+}+e=Ti^{2+}$	-0.369
$Tl^+\mid Tl$	$Tl^++e=Tl$	-0.3363
$Co^{2+}\mid Co$	$Co^{2+}+2e=Co$	-0.277
$Ni^{2+}\mid Ni$	$Ni^{2+}+2e=Ni$	-0.250
$Mo^{3+}\mid Mo$	$Mo^{3+}+3e=Mo$	-0.20
$Sn^{2+}\mid Sn$	$Sn^{2+}+2e=Sn$	-0.136
$Pb^{2+}\mid Pb$	$Pb^{2+}+2e=Pb$	-0.126
$Ti^{4+},Ti^{3+}\mid Pt$	$Ti^{4+}+e=Ti^{3+}$	-0.04

电极	电极反应	E^0/V
$D^+\|D_2,Pt$	$D^++e=\frac{1}{2}D_2$	-0.0034
$H^+\|H_2,Pt$	$H^++e=\frac{1}{2}H_2$	±0.000
$Ge^{2+}\|Ge$	$Ge^{2+}+2e=Ge$	$+0.01$
$Sn^{4+},Sn^{2+}\|Pt$	$Sn^{4+}+2e=Sn^{2+}$	$+0.15$
$Cu^{2+},Cu^+\|Pt$	$Cu^{2+}+e=Cr^+$	$+0.153$
$Cu^{2+}\|Cu$	$Cu^{2+}+2e=Cu$	$+0.337$
$Fe(CN)_6^{4-}Fe(CN)_6^{3-}\|Pt$	$Fe(CN)_6^{3+}+e=Fe(CN)$	$+0.36$
$OH^-\|O_2,Pt$	$\frac{1}{2}O_2+H_2O+2e=2OH^-$	$+0.401$
$CU^+\|Cu$	$Cu^++e=Cu$	$+0.521$
$I^-\|I_2,Pt$	$I_2+2e=2I^-$	$+0.5355$
$Te^{4+}\|Te$	$Te^{4+}+4e=Te$	$+0.56$
$MoO_4^-,MnO_4^{2-}\|Pt$	$MnO_4^-+e=MnO_4^{2-}$	$+0.564$
$Rh^{2+}\|Rh$	$Rh^{2+}+2e=Rh$	$+0.60$
$Fe^{3+},Fe^{2+}\|Pt$	$Fe^{3+}+e=Fe$	$+0.771$
$Hg_2^{2+}\|Hg$	$Hg_2^{2+}+2e=2Hg$	$+0.788$
$Ag^+\|Ag$	$Ag^++e=Ag$	$+0.7991$
$Hg^{2+}\|Hg$	$Hg^{2+}+2e=Hg$	$+0.854$
$Hg^{2+},Hg^+\|Pt$	$Hg^{2+}+e=Hg^+$	$+0.91$
$Pd^{2+}\|Pd$	$Pd^{2+}+2e=Pd$	$+0.987$

电极	电极反应	E^0/V
$Br^-\mid Br_2,Pt$	$Br_2+2e=2Br^-$	$+1.0652$
$Pt^{2+}\mid Pt$	$Pt^{2+}+2e=Pt$	$+1.2$
$Mn^{2+},H^+\mid MNO_2,Pt$	$MnO_2+4H^++2e=Mn^{2+}+2H_2O$	$+1.23$
$Tl^{3+},Tl^+\mid Pt$	$Tl^{3+}+2e=Tl^+$	$+1.25$
$Cr^{3+},Cr_2O_7^{2-},H^+\mid Pt$	$Cr_2O_7^{2-}+14H^++6e=2Cr^{3+}+7H_2O$	$+1.33$
$Cl^-\mid Cl_2,Pt$	$Cl_2+2e=2Cl^-$	$+1.3595$
$Pb^{2+},H^+\mid PbO_2,Pt$	$PbO_2+4H^++2e=Pb^{2+}+2H_2O$	$+1.455$
$Au^{3+}\mid Au$	$Au^{3+}+3e=Au$	$+1.498$
$MnO_4^-,H^+\mid MnO_2,Pt$	$MnO_4^-+4H^++3e=MnO_2+2H_2O$	$+1.695$
$Ce^{4+},Ce^{3+}\mid Pt$	$Ce^{4+}+2e=Ce^{3+}$	$+1.61$
$SO_4^{2-},H^+\mid PbSO_4,PbO_2,Pb$	$PbO_2+SO_4+H^++2e=PbSO_4+2H_2O$	$+1.682$
$Au^+\mid Au$	$Au^++e=Au$	$+1.691$
$H^-\mid H_2,Pt$	$H_2+2e=2H^-$	$+2.2$
$F^-\mid F_2,Pt$	$F_2+2e=2F^-$	$+2.87$